U0341237

墙上花园 II

LIVING WALL
JUNGLE
THE
CONCRETE II

童家林／编
常文心　殷文文／译

辽宁科学技术出版社
·沈阳·

目录

前言

经过四年的等待，我们很高兴为您奉上全新的《墙上花园II》。在这本书中，我们精选了最新的项目，相关技术图纸与资料也进行了更新。

我们的世界变化很快，而绿墙领域的发展变化更快，可以说是日新月异。五年前，“绿墙”的概念还只是专家之间讨论的话题，甲方根本没有耐心去听我们的介绍。而现在，要是设计中没有一面绿墙，建筑师恐怕要不高兴了。由于人们对绿化空间有了更高的要求，至2016年年底，全世界范围内由植物覆盖的绿墙面积已经超过200万平方米！绿墙的记录在短时间内不断地被刷新：单面绿墙的面积从几平方米扩大到上千平面米，高度也由几米增至几百米……不断挑战我们的想象。

绿墙越来越多，但不幸的是，失败的案例也随之增多，原因是缺乏调查研究和实践经验。新涉猎这个领域的通常都是小公司，他们试图复制已有的设计，却不知那些绿墙系统背后的原理。每次看到一面僵死的绿墙，我都会感到十分沮丧。最常见的问题是灌溉系统堵塞、栽种介质的不良搭配以及植物的错误选择。也许更深层次的原因在于绿墙单位价格的大幅下跌。

虽然令人沮丧，但是绿墙领域仍在进步，新的理念、新的产品不断问世。固体栽种介质，比如来自日本三得利美都公司的Puffcal，令人眼前一亮。非常规植物也在试用，比如苔藓。“物联网”（IOT）技术得到应用，用以监测绿墙系统的实时情况，尤其是灌溉系统。甚至有些先锋设计师在尝试改变植物DNA，创造新型植物品种，以适应恶劣的生长环境。我们有理由保持乐观！

50年后城市会是什么样子？绿色，更绿色，最绿色！

让我们保持耐心，等待这个奇迹发生！

童家林

2017年4月 于深圳

深圳铁汉一方办公室

第一章

垂直绿化的相关概念与介绍

1.1 人工垂直绿化与自然垂直绿化

1.1.1 人工垂直绿化

人工垂直绿化是一种独立式的植物绿墙，通常需要借助一定的垂直绿化系统将植物依附在室内或室外墙体上。人工垂直绿化可以在垂直方向上高密度地栽种植物。与自然垂直绿化不同的是：人工垂直绿化是一种集绿色植物、生长基质和灌溉系统为一体的绿墙系统。

人工垂直绿化还被称为活体绿墙、生态绿墙以及垂直花园。它不仅能够增加空间的美感，还能降低微空间的温度，改善当地的空气质量，为一些不能栽种植物的空间增加绿色植物。人工垂直绿化可以选择的植物范围十分广泛，特别是草本植物，效果尤佳。

对于所有垂直绿化来说，充足的光照都是至关重要的。一些室内垂直绿化还需额外安装照明，以确保植物的健康生长。人工垂直绿化可选择的系统很多，其中以不需要生长基质的水培系统为主，此外，也有一部分系统需要生长基质。

1.1.2 自然垂直绿化

自然垂直绿化是一种通过攀缘植物附着在建筑外墙上所形成的垂直绿化。自然垂直绿化可以采取两种

图 1.1、图 1.2 由帕特里克·布朗克亲自设计的位于自己住所的人工垂直绿化。帕特里克是垂直绿化的创造者。

形式：一种是将植物栽种在地面上，直接从地面沿着建筑外立面向上攀爬；另一种则采用分层式，在建筑物的不同高度上安装植物槽。攀缘植物可以直接附着在建筑物的外立面，也可以借助建筑物外安装的支架向上攀爬。自然垂直绿化不仅可以让建筑物的外观更加的美观、更具吸引力，还能起到保护隐私、提供阴凉的作用。此外，树荫和绿色植物的蒸腾作用还能起到降低建筑物温度的作用。

对于采取分层形式的自然垂直绿化来说，风可能会成为影响其植物附着在建筑物外立面的一个重要阻碍。在一些风力较大的位置，最好采用在建筑外立面安装支架的形式，因为缠绕型攀缘植物更好地附着在支架上，这种形式的垂直绿化更为牢固。在为高层建筑安装分层式自然垂直绿化时，还要考虑植物的灌溉、维护以及水压等问题。

图 1.3、图 1.4　由 WOHA 设计的自然垂直绿化。

1.2 场地分析

1.2.1 场地分析

下面的表格罗列了在安装垂直绿化前所要了解和分析的信息。这些信息对于垂直绿化的安装和设计有着重要的参考作用。

场地分析所需要收集的信息	
季节与气候	场地的最低温度和最高温度； 场地的年降水量和降水的分布情况； 建筑物所在位置一年内的阳光、阴影和风力的变化情况； 建筑物的高度是否会影响气候
周围环境	场地周围可能会遇到的各种风险，如：火灾、杂草危害、虫害和破坏生物多样性等
承重水平	墙体的承重能力；可能会受到的动力冲击，特别是风力
排水	雨水的排水口；预测排水系统能否承受多雨季节大量雨水的冲击
灌溉	场地周围可能收集到的雨水，以及如何对灌溉水进行输送
现有的结构和大小	外墙可用的面积大小； 地面可供栽种植物的地块面积的大小； 外墙是否有任何斜面或拐角； 墙体所用材料的质量
路径	使用起重机或者其他机器的路径； 维护或参观路径； 用水、用电的路径； 确保行人的路径不受干扰

1.2.2 安装垂直绿化的目的

在为业主安装垂直绿化前，需要全面了解业主的需求和目的。下面的表格罗列了一系列针对不同的设计目的，应该考虑的事项。这并不是一个详尽无遗的清单，只是为了给读者以参考。

A. 人工垂直绿化

人工垂直绿化的设计目标	需考虑的事项
高层垂直绿化	需要考虑垂直绿化后期的维护问题；如果建筑物承重能力较弱；应考虑采用无需生长基质的水培系统；不同的高度光照和风力条件也会有所不同，因此要考虑不同高度选择不同的植物种类
追求美观	应该尽可能地选择不同的植物物种，花期应有所不同；要考虑植物的形式、肌理、叶片颜色等外观因素
成本低，并且易于在居民楼安装	应控制垂直绿化体量的大小；垂直绿化应安装独立式水循环组件；要确保植物易于重新种植
追求生物的多样性	多样化的选择植物，特别是那些可以生出果实或是能够采摘花蜜的开花植物，为物种提供理想的栖息环境;也可以为某些特定的物种量身打造垂直绿化系统，保护其不受天敌的伤害
室内垂直绿化	保证有足够的照明——必要时安装人工照明
追求长久性	应选择水培系统而非土壤为生长基质的系统；安装远程监测系统；使用高质量的部件

B. 自然垂直绿化

自然垂直绿化的设计目标	需考虑的事项
低成本、易于安装	选择自我依附性植物，直接将植物栽种在墙脚下
高层垂直绿化	在不同的高度安装植物槽; 在建筑物外安装适合缠绕型植物的线缆或网架支架; 要考虑后期维护、灌溉等因素；为避免植物根部受损而对其进行二层保护，如为抵御强风而安装防风棚
遮挡作用	选择常绿植物可以确保建筑物一年四季都可以被植物所覆盖
调节建筑物温度的作用	如果想要在冬天吸收更多的热量，则应选择落叶植物; 想要在夏天为建筑物（特别是朝北或朝西的墙体）提供更多的树荫，则应选择叶片旺盛的植物，让植物尽可能覆盖整个墙体; 安装支架时，支架与墙体的距离应保持在 100 毫米以上，在植物和建筑物中间留有足够的空隙，使绿色植物的冷却作用最大化
提供食物	适当增加生长基质的深度，并增加其有机质含量；要预留采摘植物的路径；提供灌溉
追求生物的多样性	多样化的选择植物，特别是那些可以生出果实或是能够采摘花蜜的开花植物，为物种提供理想的栖息环境; 也可以为某些特定的物种量身打造垂直绿化系统，保护其不受天敌的伤害

1.3 垂直绿化的植物

安装垂直绿化的目的，以及想要采用哪种形式的垂直绿化都会影响到垂直绿化植物的选择。应选择那些生命力强、易于栽种，并且能够很好适应当地温度、风力以及降水情况的植物。

在条件恶劣的环境依然能够很好生长的植物将会是不错的选择。要确保所选择的植物不易受到虫害和病害的困扰。避免选择那些有刺激性、有毒、多刺，以及容易营养不良的植物物种。

垂直绿化的植物选择与采用何种生长基质紧密相关。选择植物时，要重点考虑生长基质的深度，因为这会直接影响到植物的大小以及能够给植物提供的灌溉水量。不同的生长基质所能容纳的水量也会有所不同。

在选择植物时，还要考虑后期的维护以及植物外观等问题。比如，一部分垂直绿化比较整齐规整，需要对植物进行定期修剪，而另一部分则更为自然，让植物自然生长。

第二章

人工垂直绿化的安装与设计

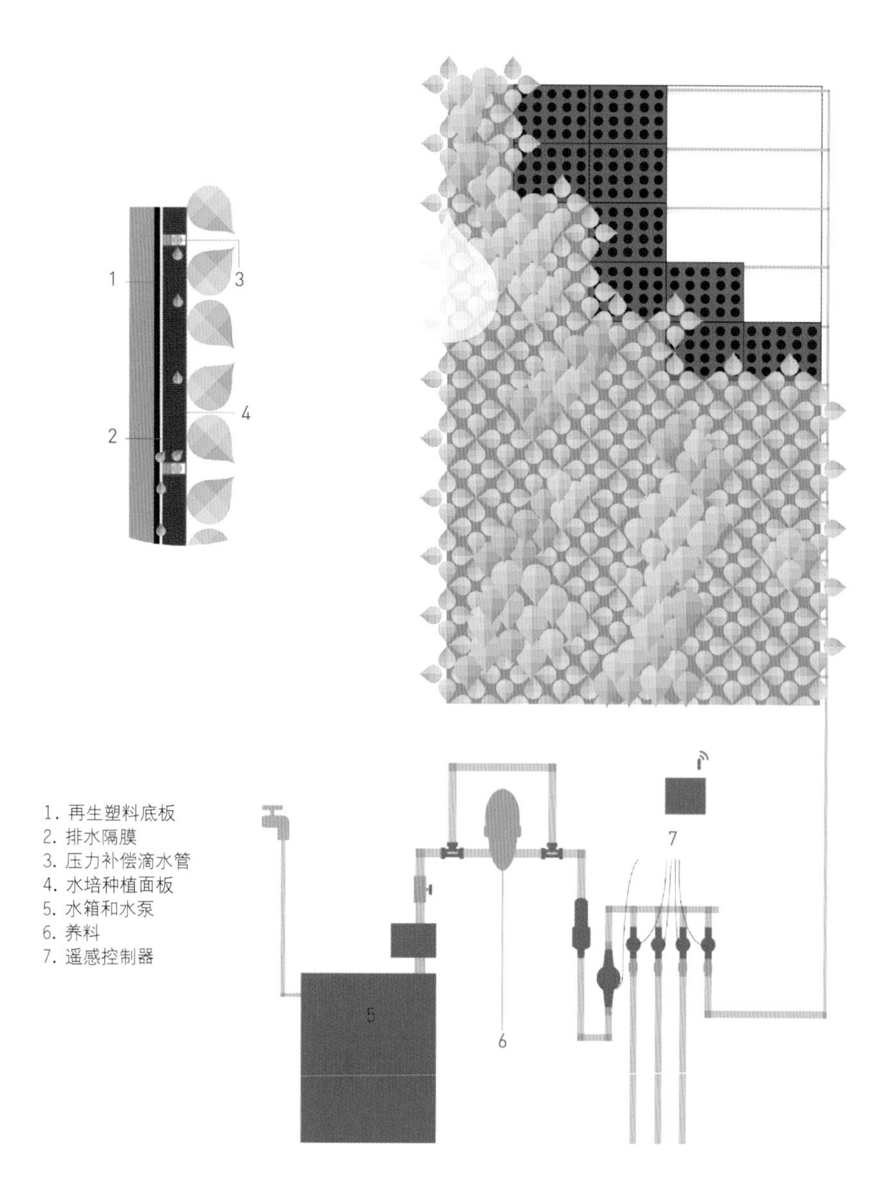

图 2.1 水培系统垂直绿化工作图（由 Biotecture 设计）

2.1 人工垂直绿化的结构与组成要件

A. 水培系统垂直绿化

水培系统垂直绿化的主要构成要件是模块植物槽或者大型的面板，利用托架将植物槽或面板固定在承重墙或独立构筑物上，两者之间会留有空隙。水培系统垂直绿化不需要生长基质，而是通过一种惰性的材料为植物提供生长所需的各种元素。园艺泡棉、矿物纤维以及毛毡垫都可以用来制作这种惰性材料，它可以蓄积大量的水分，供植物生长。但是值得注意的是，蓄积的水分越多，整个垂直绿化系统也会变重。

水培系统垂直绿化的优点在于，因为不需要任何的生长基质，也就不存在生长基质随着时间的推移而腐败、盐分堆积等问题，养分的供应也十分的精确，并且可以调控。经过一段时间后，植物的根系会不断生长，植物会生出新枝，整个系统会日趋稳定，生命力也会变强。

B. 模块系统垂直绿化（有生长基质）

本书的模块系统专指使用了生长基质的那部分垂直绿化系统，虽然有一部分水培系统也是由模块植物槽构成的，但其和水培系统垂直绿化的工作原理相似，为了方便分类，本书均把这部分垂直绿化归类为水培系统。

模块系统垂直绿化由填充了生长基质的植物槽构成，植物槽一般由塑料或金属制成。可以把生长基质直接装到植物槽中，也可以放在透水的合成纤维袋中。将所有的植物槽组合到一起，然后固定到墙体上或是独立金属支架上。另外，还可以在墙体上安装金属网格，然后把植物槽悬挂在网格上。需要对植物进行维护或补种的情况，可以将个别的植物槽取下来。和水培系统垂直绿化一样，大多数的模块系统也会安装自动灌溉系统。

模块系统的生长基质能够让植物充分接触水分、空气和养分，与水培系统相比，更易于打理。模块系统也存在随着时间的推移，生长基质中的养分会逐渐耗尽、盐分堆积等问题。因此，必要时应咨询专业人士，选择最为合适的生长基质。

1. 防水层
2. 灌溉系统
3. 模块面板（水培）
4. 模块面板（有生长基质）
5. 积液盘
6. 墙体
7. 支撑结构
8. 内置灌溉系统的毛毡

图 2.2 两种典型的人工垂直绿化系统

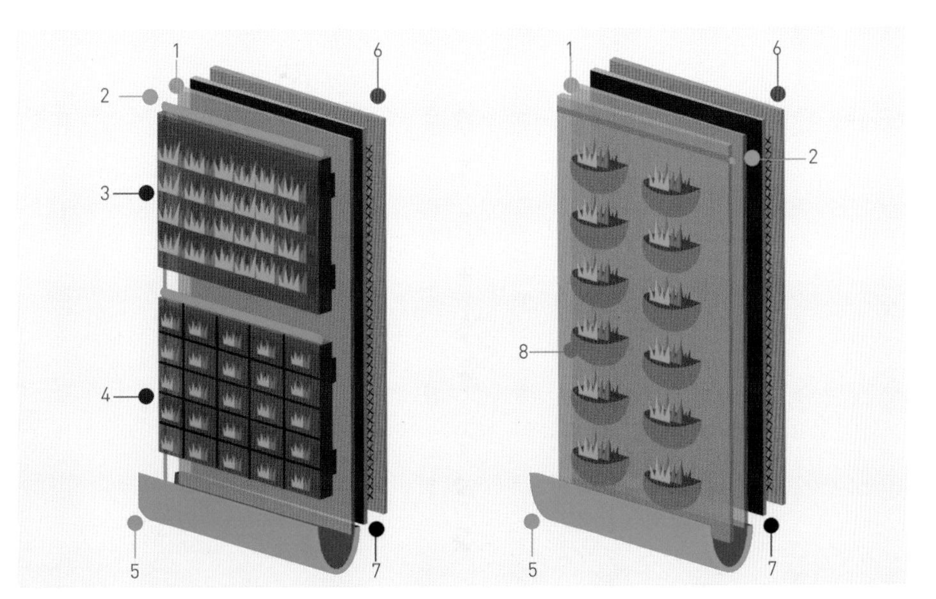

C. 集液盘

集液盘可以用来收集多余的灌溉水以及绿叶上的水滴。集液盘的大小要能够容纳一个灌溉周期总的灌溉水量。

如果多余的水刚好可以灌溉下面的植物，则无需安装集液盘。要确保灌溉水不会造成地面湿滑、破坏建筑物、造成底部的植物水和营养过量等情况的发生。可以把较低位置集液盘收集到的水用水泵重新抽到垂直绿化的顶部用来灌溉，但这些水要经过处理，避免养分堆积过多而造成过度施肥。还应在集液盘上安装直径足够大的排水管，方便及时清空集液盘。为了让整个垂直绿化看起来更加的美观，还应对垂直绿化的边角以及灌溉系统、集液盘等功能元件进行遮掩和装饰处理。

2.2 人工垂直绿化的防水处理

不同的垂直绿化系统所需要的防水处理也会有所不同。有些垂直绿化系统的植物和墙体有足够的空隙，这种情况就无须再对其进行任何的防水处理。空隙的存在可以防止水在植物层和墙体之间流动，不仅降低了墙体受到植物根系破坏的风险，还能保证空气是潮湿的，利于植物生长。而其他的情况下，防水处理则可以有效地避免水分或者养料中的溶解盐对墙体造成损害。

在某些案例中，支撑墙本身就具备防水层，例如一面厚度足够厚的预制混凝土墙体就完全不需要再做其他的防水处理，又或者一些用强度高、防腐性能极佳的胶合板制成的墙体，其本身也具备一定的防水能力，因为胶合板使用的胶体就可以防水。需要特别注意连接处的防水处理，如挑口板处、防水层与滴水盘的连接处等。无论是在室内还是室外的垂直绿化，均可以采用滚压式液用防水材料。最好能够咨询防水专业人员的意见，以选择最为适合的防水材料和防水方法。

2.3 人工垂直绿化的灌溉与施肥

一个垂直绿化系统如果不进行灌溉就无法维持下去。垂直绿化的植物无法健康生长，多数情况下都是因为没有对其进行科学而合理的灌溉。安装了内置灌溉系统的垂直绿化能够提供潮湿的环境，可以有效地避免植物死亡。

在一些繁华的区域或是不易接近的区域，可以选择安装远程自动灌溉系统。不同的灌溉系统，其质量、设计和成本也会有所不同。一个设计极为精巧的系统可以自动调节灌溉水的传送量、灌溉的频率、生长基质的含水量，以及酸碱度和养分浓度等数据。必要时，应该对系统的设置进行调整，比如在天气炎热的时候应该适当增加灌溉的频率以及每次灌溉所持续的时间。

水培系统垂直绿化中，植物的养分是由滴灌施肥系统将一定量的肥料注入到灌溉系统中的。与给土壤或者生长基质施肥相比，施肥系统更为复杂，需要专业知识支撑。水培系统需要对酸碱值、水质硬度、固溶物总量进行持续的监控，在必要时还要对这些参数进行调整。

水培垂直绿化系统的施肥系统适用于每日的灌溉液

量在0.5～20升/平方米之间的垂直绿化。室内垂直绿化需要的灌溉水量相对较少，而室外则相对较多。通常情况下，每天需要对垂直绿化进行多次灌溉，而每一次又会持续几分钟。应尽量减少灌溉水量，避免浪费和流失。可以在垂直绿化的底部安装蓄水池，收集流失的灌溉水，回收后再利用到垂直绿化的灌溉中。

使用保水力强、和土壤类似的优质生长基质，并且所处位置不炎热、不会受到阳光暴晒的垂直绿化，一周不灌溉依然能够健康生长。多数简易的垂直绿化系统，包括一些自己动手做的垂直绿化，一般不安装施肥系统，而是将控释肥料与生长基质混合在一起。垂直绿化在安装的一开始就要马上进行灌溉。灌溉系统需要安装水表来监控水量，还要安装气压计来监控灌溉水的输送情况。此外，为了使用收集再利用的水，达到节能环保的目的，还应在灌溉系统中安装水泵。

2.4 人工垂直绿化的植物选择

垂直绿化植物的大小取决于理想的外观效果。种植密度最高可以达到每平方米25到30棵植物。可以通过在一个区域内间隔式的重复栽种植物物种以达到装饰性的图案效果。与长势稳定的盆栽植物相比，使用幼株的垂直绿化可能需要更多的时间才能达到

图2.3、图2.4 综合滴灌系统服务于垂直绿化的每个植株，由阿尔菲奥·夏卡、安尼巴莱·西柯尔拉和吉亚姆皮罗·阿雷纳设计。

图 2.5、图 2.6 锦屏藤粉色的根系垂下来，生机勃勃。曼谷 Emquartier 商场，由帕特里克·布朗克设计

理想效果。模块的大小直接影响到植株的大小。需要特别注意的是，不同的植物其生长特性也会有所不同，比如有些植物习惯垂直生长的，有些植物是习惯成丛生长，有些植物习惯攀爬，而有些植物则习惯于下垂式生长，因此，在为垂直绿化系统选择植物时，应考虑到这些植物的生长特性。

人工垂直绿化根据项目规模的大小，植物的选择十分广泛，既可以选择小型的地被植物，也可以选择稍微大一些的草本植物或灌木，甚至还可以选择一些小型的树木。在选择合适的植物时，应首先考虑垂直绿化最终要呈现的理想效果。与其他植物相比，一些特定的植物就会有较高的美学价值和景观价值，具有耐寒、净水、为动植物提供理想栖息环境等优点。重要的是要认识到与屋顶或是地面相比，植物在垂直方向上的生长速度、所受的光照和风力情况都会有所不同。

植物的选择还会受到气候条件的影响。要考虑可接收到的人工和自然光的光照水平。光照度极低的位置应选择耐阴植物，而光照度高的靠上位置则应选择那些能够承受强光照和强风的强大物种。浅根系的植物物种也是不错的选择，因为它们可以在垂直绿化的生长基质体量十分有限的情况下仍然能够牢固地扎根。值得注意的是：墙体的某些特定的位置，如顶部、边角处，会有较强的风力。不同的位置会有不同的气候条件，要对此做深入而科学的研究以选出最为适宜的植物。

在安排植物的位置时，要注意一些大型的物种可能会遮挡到其他植物。室外的垂直绿化通常会面临频繁的强风，与维护需求较大的快速生长的植物相比，那些长势缓慢的植物更适合这样的环境。但是，生长迅速的植物却适合一些条件较为恶劣的位置，这些植物能够提供斑驳的树荫、抵挡强风、防止水分流失，可以形成生态保护层，有效地保护那些敏感型的植物。

科学的配置植物，研究植物与植物之间的联系，将有助于打造一个健康的人工生态。了解植物在成熟之后生态会发生什么样的变化也是至关重要的，因为某些特定的物种其生态位也会不断变化。所选择

图 2.7 帕特里克·布朗克为澳大利亚 One Central Park 大楼设计的垂直绿化选择的植物包括裂瓣蕨、顶花、小果罗汉松、蜈蚣凤尾蕨、龙草树等。摄影师：西蒙·伍德。

的植物必须与其垂直绿化系统的类型和技术相匹配，并不是所有的植物都适合任意一种垂直绿化系统。有生长基质的垂直绿化系统可能更适合陆生植物，而没有生长基质，自带灌溉和施肥功能的垂直绿化系统则更适合附生植物或者岩生植物。

选择那些耗水低的植物会大大地降低垂直绿化的用水量。值得注意的是：一个垂直绿化系统，其高度的不同湿度也会有所不同，通常情况下，底部的湿度较大，而越往上湿度会随之减小，因此在配置植物时要考虑这一湿度阶梯的存在，科学合理的配置植物。如果系统使用循环水，那么灌溉水中的含盐量会相对较高，酸碱值也会发生变化，选择植物时要充分考虑这一变化。室外垂直绿化应尽量避免那些容易被动植物破坏的植物。应尽可能选择那些生命力强，同时又兼具美观的植物，以达到理想的设计效果。

2.5 照明

在光照度较低和极低的位置安装垂直绿化时，需要安装照明设备。通常情况下，人们倾向于选择在光照度很低的区域安装垂直绿化，试图为这些区域增加绿色植物，但光照的缺失往往会导致植物无法正常生长。为人工垂直绿化安装匹配的照明系统专业性很高，需要咨询专业的照明设计师或工程师。照明设备的数量和质量必须经过科学的研究，才能确保植物能够很好的进行光合作用、生长、开花。不同种类的植物所需要的照明等级也会有所不同。

第三章

自然垂直绿化的安装与设计

3.1 自然垂直绿化墙体的保护与处理

对于自然垂直绿化来说，并不需要对墙体进行防水处理，但要注意选择那些不会对墙体造成损害的植物。需格外注意那些根茎侵略性较强的植物，如常青藤等，这些植物很可能会随着时间的推移破坏墙体。有着很强附着能力的攀缘植物会是非常好的选择，不会对建筑物外墙造成破坏。如果对于采取直接附着在建筑物外墙的形式仍有疑虑，则可以选择在建筑物外安装独立支架的形式，这种形式的垂直绿化需选择卷须状或缠绕状植物。

独立支架可以是塑料、金属或不锈钢材质的线缆或网架。在设计独立支架前，需要事先考虑垂直绿化的预期寿命，植物的生长习性，植物的疏密程度等因素，以便获得理想效果。如果选择将植物栽种在植物槽中，植物的物种种类、疏密程度以及植物槽的大小对于垂直绿化最终的效果起到至关重要的作用。

需要特别注意的是：采用木质材质的支架很容易受到气候因素以及植物生长的影响，容易腐烂；塑料材质则会随着时间的推移而弹性和伸缩性变差，变得易碎；金属材质的使用周期最长，所需要的后期维护也相对较少；而不锈钢线缆和网架不仅所需的维护低、使用周期长，而且兼具灵活性强、适合的植物种类繁多，以及能够承受不同等级风力等优点。

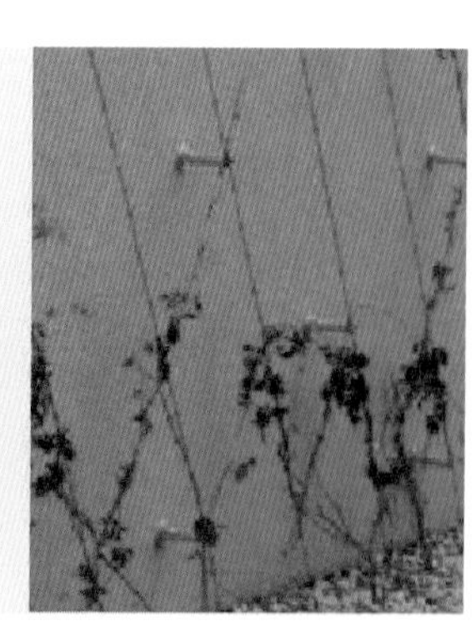

图 3.1 自然垂直绿化所采用的几种典型的支架形式。

对于那些需要将植物与窗户隔开或者建筑物自身有一些局限因素的情况，应当选择安装独立支架。采用独立式支架的垂直绿化，在植物并没有完全生长的情况下，依然能够为建筑增添美感。此外，还能起到保护隐私、提供阴凉的作用。

3.2 土壤和生长基质

自然垂直绿化的植物既可以直接栽种在地面的土壤中，也可以种在填充了经过特别设计的生长基质的植物槽中。对于特别高的建筑，由于把植物栽在地面无法到达建筑物顶端，因此可以通过在不同层次安装植物槽的方式解决这一问题。

直接把植物栽在地面的主要优点是植物能够接触更多的水分（土壤不会很快干掉），根系有足够的空间生长。但这种方式也存在着植物可能会曝露在贫瘠土壤的隐患。生长基质需要能够保证在根系体积有限的情况下，植物依然能够很好的生长，不断生出新芽。值得注意的是：植物根系的体积与绿叶量有着直接的关系。因此，只有在生长基质的体量足够大的情况下，攀缘植物才能够形成更大的覆盖面。然而，由于建筑外墙或者支架的承重能力有限，因此对于高度较高的垂直绿化一般无法使用体量大的生长基质。

通常情况下，种在地面的植物会比种在植物槽中的植物长势更好。要确保土壤或其他生长基质的孔隙率和持水量能够保持平衡，并且提供足够的营养物质，为植物提供最佳的生长条件。

在一些土质优良、灌溉水充足的环境中，植物通常都能够很好地生长。而在一些不透水铺装面积大、土壤被高度压实的城市空间中，则不利于植物的生长。可以使用“结构性土壤”来解决上述问题，结构性土壤既可以很夯实，方便行人行走，同时又有适宜植物根系生长的孔隙率。在安装垂直绿化前，可以咨询专业的园艺设计师的意见，确保土壤或生长基质的体量能够维持垂直绿化的健康生长。

3.3 自然垂直绿化植物的选择

为了让植物能够迅速覆盖建筑物，自然垂直绿化需选择一些根系发达、生命力强的植物。此外，还需要对植物进行修剪，使之不仅要能附着在建筑外立面或支架上，同时又是向上生长的。

采用独立支架的自然垂直绿化应该选择控释肥料为植物提供营养。对新种植的植物要单独进行灌溉，以确保植物能够健康生长。

为了让垂直绿化更加的美观，必须要对植物进行修剪和整枝。对植物进行整枝不仅可以让植物能够很好地附着在建筑物外墙或支架上，同时还能保持向上生长。

应该在植物的生长趋于稳定后（通常要经过一到两个月时间），对生长旺盛的主枝进行修剪，以生长出更多的侧枝，进而增加植物的覆盖面积。这样做的原因在于：攀援植物通常只会在生长到一定的高度后才会生长出大量的侧枝，底部以茎部为主，不能很好的覆盖墙体。斜线式的线缆有助于植物横向和纵向生长。

对于长期性的垂直绿化，需要定期对植物进行修剪。因为所有的攀缘植物都会随时间的推移而变得生长缓慢，将一些枯枝枯叶修剪掉会让植物能够重获活力，生长周期也会变长。这就意味着，5 ~ 7 年后，垂直绿化（特别是那些以木质藤本植物为主要植物的垂直绿化）可能会被修剪掉一大部分的枝叶。

自然垂直绿化植物的选择深受攀援植物附着建筑物的方式影响。大多数的攀缘植物可以自行附着在建筑物外墙或支架上。

自我依附性攀缘植物——这种类型的植物凭借吸根、吸盘或不定根附着在建筑物的外墙上，形成植被层。

缠绕式攀缘植物——这种类型的植物则通过缠绕式的茎部或卷须缠绕在支架上。植物可以向上，也可以向下生长。

还有一类植物具有快速爬生的特性，又被称为攀爬灌木，也可以运用在自然垂直绿化系统中。但这类植物无法靠自己的能力直接附着在建筑物或支架上，需要借助外力绑在支架上。通常情况下，这类植物属木本植物，长势迅速，必须定期进行修剪和维护（如光叶子花）。

自我依附性植物有助于形成有效而长期的植被层，但由于这类植物可能会损坏建筑物，因此并不适合用于外墙破损失修的建筑物。应避免过量使用长势旺盛的植物，如常青藤等，因为这类植物需要经常进行修剪，以维持适合的生长速度、大小和形状。

缠绕式攀缘植物需要安装适合其成长习性的支架，如线缆或网架等。支架可以直接依附在建筑外墙上，也可以与建筑物保持一定距离。一些垂直绿化设计师建议支架与外墙的最小距离是 300 毫米，认为这个距离范围最适合植物的生长。当然这只是一个建议距离，因为在实际安装中可能会遇到各种各样的情况。

A. 气候因素

在光照少的暗面，应选择能够承受低光照度的植物物种，而光照多、高度高的区域则应选择那些耐光性高的植物。通常情况下，一个地区每天能够获得的全日照时间至少在 4 小时以上，而大多数的植物物种都会需要一定量的全日照才能生长，因此，虽然可以在光照完全被遮挡的区域安装垂直绿化，但是它可以选择的植物物种十分有限。

在高层、沿海或是城市街谷，可能会受到频繁的强风困扰，在这些区域安装垂直绿化应选择那些相对成熟的、能够有效抵御强风的植物物种，特别是缠绕式的攀缘植物。比较而言，自我依附性植物在强风的条件下就很容易脱离墙体。这种情况下，应选择那些叶片小、依附力强的植物，这类植物要比叶片大的植物更为牢固。

B. 后期维护

植物的生命周期和生长速度会直接影响到垂直绿化的成型时间以及后期所需维护工作的多少。值得注意些的是：很多攀缘植物初期的生长速度很快，但是成熟的周期很长。一些植物物种，如薜荔等，需要定期对新叶进行修剪。这类植物不直接附着在建筑外墙上生长，其坚实的木质茎和成熟叶片有助于生出浓密的树冠，为建筑遮挡阳光。但是由于植物并没有附着在建筑物上，因此这种垂直绿化并不牢靠。

需要谨慎挑选木本攀缘植物，如紫藤和葡萄等，因为随着时间的推移，这类植物的茎部会变粗，植物会变大，所需要的维护工作随之也会增多。

理想的攀缘植物应具备以下特征：

· 植物底部保留了一定量的叶子
· 新枝多
· 主枝可以向下生长
· 可以承受较高程度的修剪
· 寿命长
· 适宜的生长速度

植物只有具备了以上特征，才会形成稳定而均匀的植被覆盖层。由于天性使然，一些植物会一直朝着光照向上生长，随着时间的推移，底部的叶子就会变少，无法很好的覆盖墙体，因此要避免选择这类植物。还要避免选择那些经过修剪后无法大量长出基生枝的植物，如粉花凌霄。

3.4 排水和灌溉

无论是把植物直接种在地面上，还是栽种在植物槽中，都需要对植物进行排水与灌溉。采用分层式植物槽系统的垂直绿化，应选择排水便利的生长基质，以避免持续时间较长的多雨季节发生内涝。在植物槽外壁安装排水孔可以有效地避免蓄积大量的雨水，影响植物生长。

大多数情况下，雨水会直接通过植物槽底部的出水孔直接流到地面，为了避免淋到行人、地面蓄积太多雨水等情况的发生，可以通过安装集液盘的方式解决这一问题。

为了让长势旺盛的攀缘植物能够维持较大的植被覆盖面，并且保持长久的生命力，需要对植物进行科学而合理的灌溉。一般来说，至少要在夏季较为炎热的天气对植物进行灌溉，并且尽可能地使用收集再利用的水做灌溉水。灌溉的频率取决于垂直绿化所使用的植物种类、生长基质类型以及光照、风力等气候因素。灌溉地面植物时，自动式灌溉和手动灌溉均可。自动灌溉一般选择滴水灌溉系统。对高处的植物进行灌溉时，要注意调节储水池的水压，确保持续而稳定的供水。

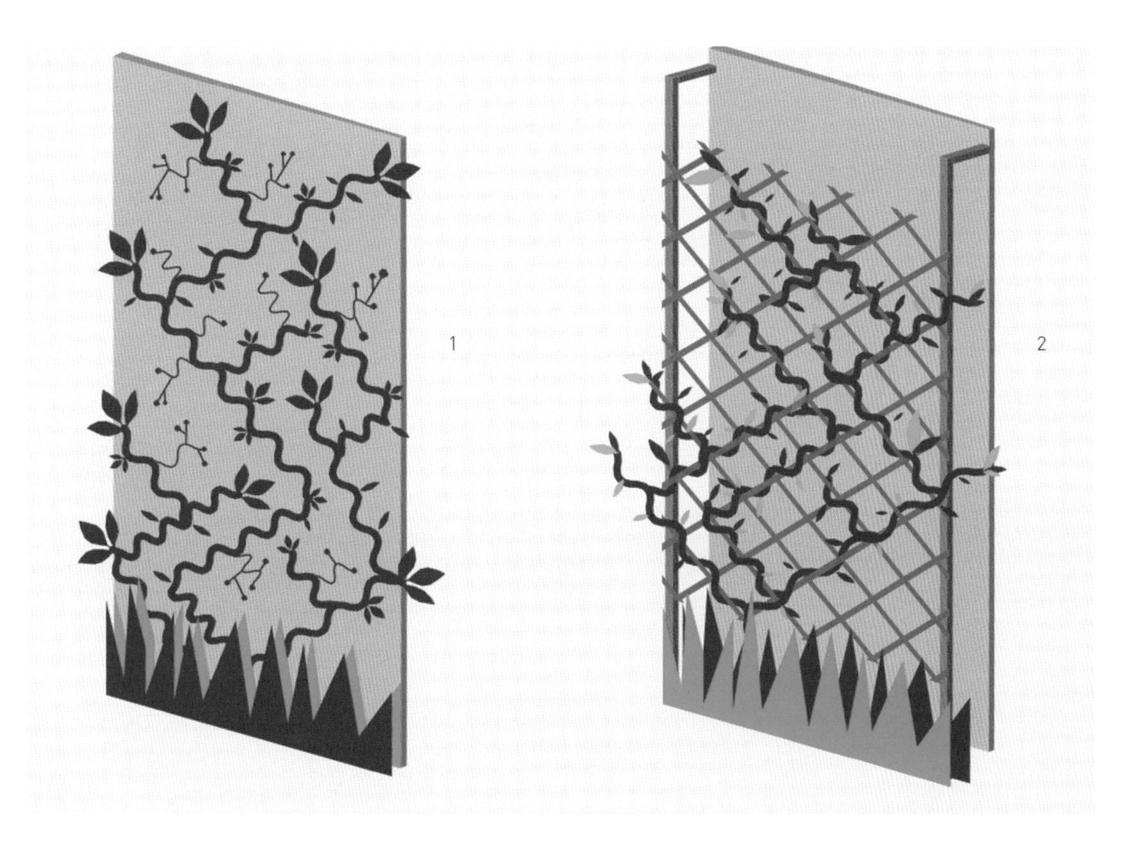

图 3.2 攀缘植物附着在建筑物的两种主要方式。

1. 自我依附性植物
2. 缠绕式攀援植物

第四章

案例分析

地点
英国，伦敦
设计
Biotecture 公司
面积
2,300 平方米

客户
CBR 公司
摄影
汤姆·法伦、杰伦·德·斯赫雷弗

CBR 公司伦敦肖迪奇办公室

CBR 公司的伦敦肖迪奇办公室位于一座拥有 150 年历史的 5 层高钢砖混合建筑中。设计的灵感来自于当地的建筑和文化背景：开放的 LOFT 空间、别具一格的工业建筑、夯实的材料、明显的木工细节。建筑的造型极富挑战性，楼面空间被平分为 4 个独立的角，围绕着中央区域。所有楼层都采用开放式布局，与建筑的 LOFT 风格相一致。

办公楼的垂直绿化由 158 块水培模块构成。整个墙面上共有 2,916 株植物。植栽设计反映了 D+DS 建筑事务所的理念和蓝图，描绘出一个火箭发射的“云喷发”图像。红白两色的同心圆由明至暗，凸显了墙面的中心。设计所选的多种植物都有长矛形叶子，强调了火箭的造型。植物高低错落、对比鲜明，打造出一种云朵的立体效果。

墙壁紧邻东北侧窗户，能享有一些自然光。植物的位置设计根据它们的耐光性和对光照的需求而定。总体来说，它们的光照需求约为 1,000+ 勒克斯。为了实现这一光照度，整体设计中引入了辅助的全光谱照明。

652
235
2875
TOGO LIGNE ROSET
700
600

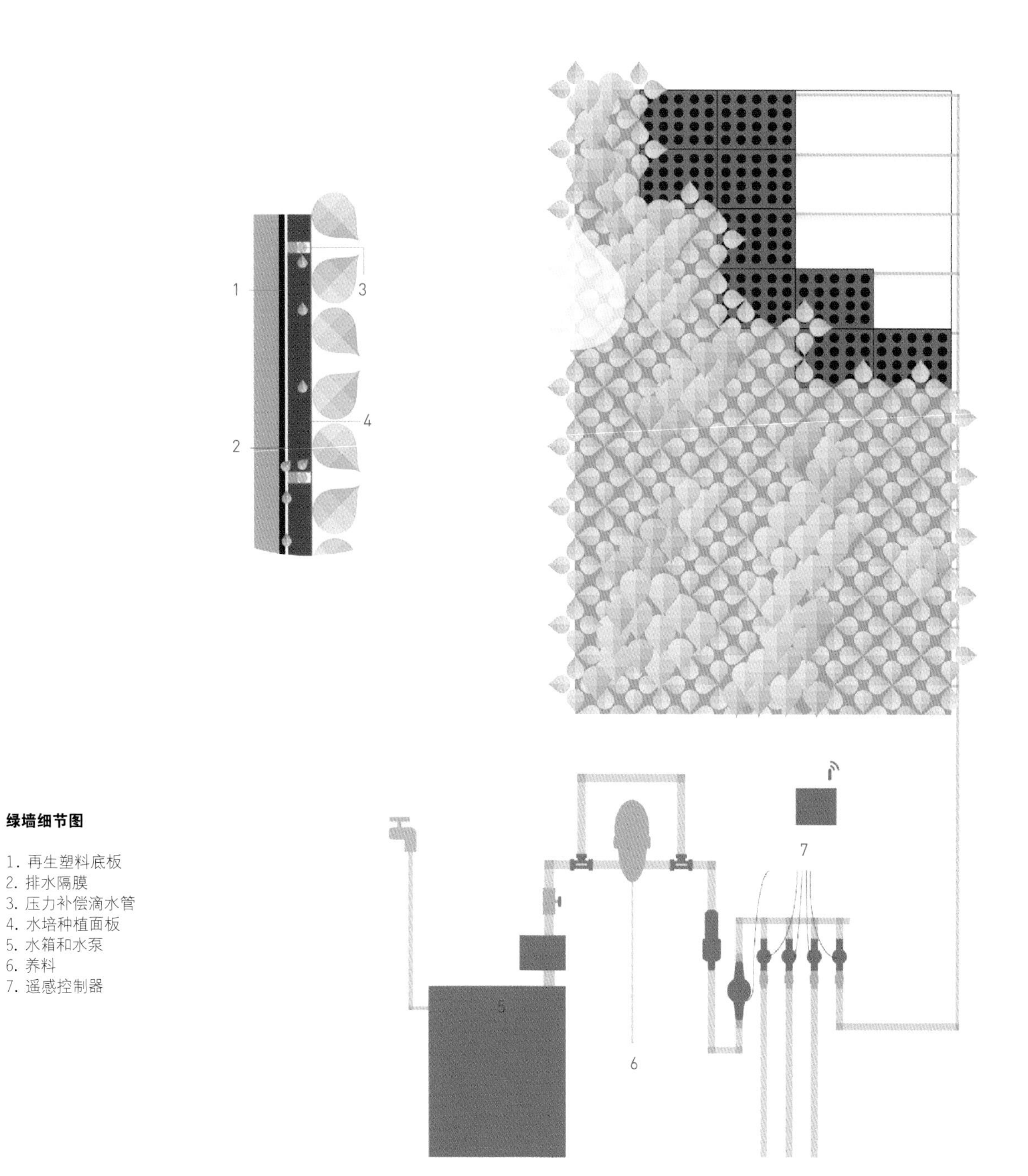

绿墙细节图

1. 再生塑料底板
2. 排水隔膜
3. 压力补偿滴水管
4. 水培种植面板
5. 水箱和水泵
6. 养料
7. 遥感控制器

所有植物均为常青植物。许多都拥有空气净化的功能，例如：日本白鹤芋（白掌），根据美国宇航局的研究，它是能减少室内空气污染的 NR1 级植物。

集成灌溉系统保证了绿墙的欣欣向荣，该系统拥有遍布整面墙的 600 多个压力补偿内联滴头，直接为植物的根部供水供养。水和营养素的流量由复杂的遥感控制泵系统所控制，该系统平均每 24 小时运行 6 分钟。整个灌溉系统每天都在远程监控下。

研究表明，植物能显著提高工作效率和人们对办公空间的满意度。这座垂直花园一定会为 CBR 公司带来新气象。

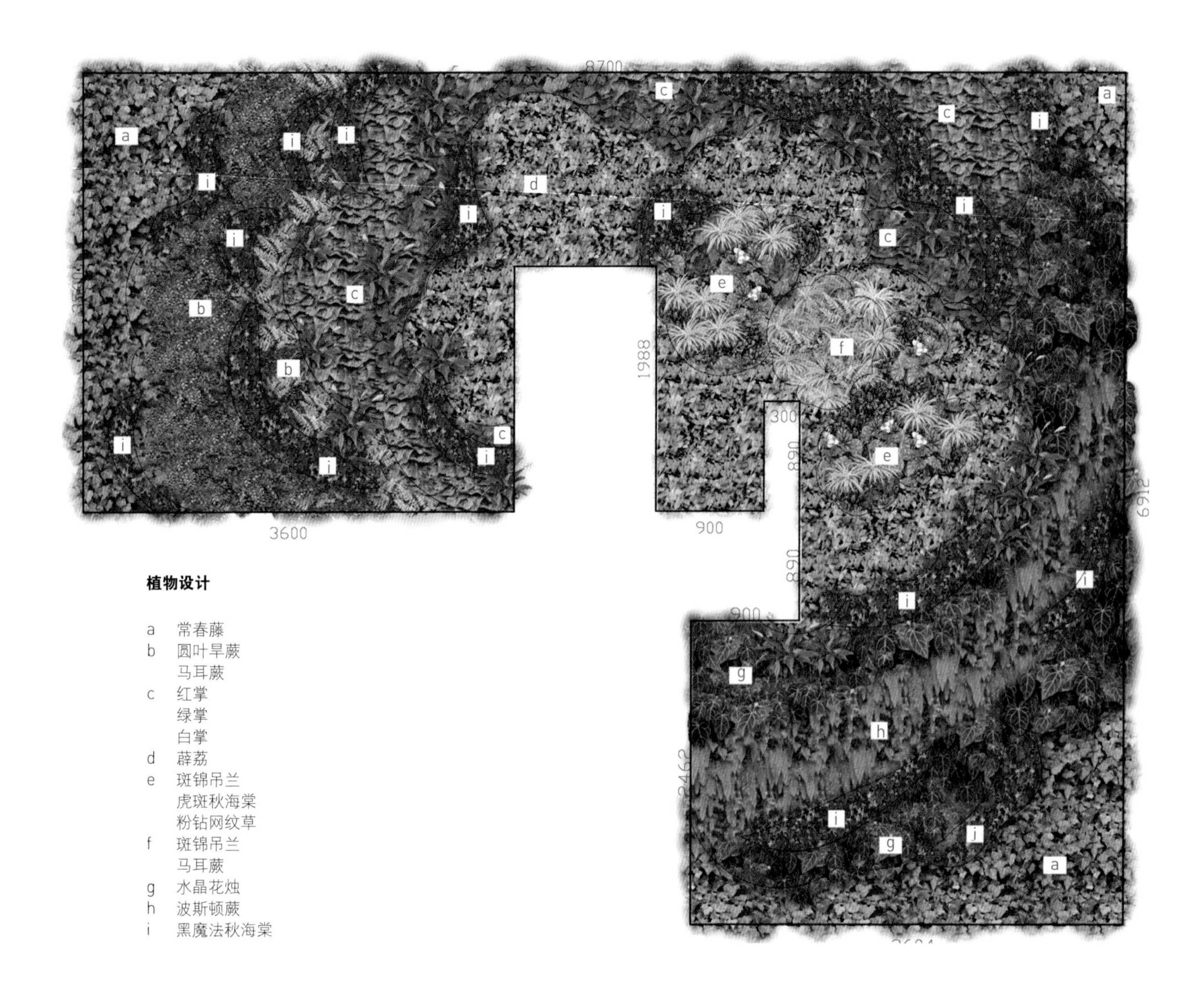

1. 常春藤

五加科常春藤属多年生常绿攀援灌木，气生根，茎灰棕色或黑棕色，光滑，单叶互生；叶柄无托叶有鳞片；花枝上的叶椭圆状披针形，伞形花序单个顶生，花淡黄白色或淡绿白色，花药紫色；花盘隆起，黄色。

2. 圆叶旱蕨

圆叶旱蕨是一种无需养护就能在室外良好生长的植物，最高可达 30 厘米。光照：强光，但是不能阳光直射。水：浇透，在两次浇水间保持土壤顶层 2.5 厘米干燥。温度：室内常温 16 ~ 24 摄氏度。

3. 马耳蕨

马耳蕨是一种半常青蕨类，复叶呈深绿色，种植在阴凉、潮湿、少光处，如果湿度高，也可种植于阳光下；耐干燥阴凉，但是第一季需要定期浇水并遮盖良好。

4. 红掌

红掌又名花烛或火鹤花，是一种附生常青热带多年生植物，属天南星科，需要强光照（夏季散射阳光），但应避免全日照。过于阴凉会导致其不开花。全年湿度一致，土壤不能干透，喜高湿度。

5. 绿掌

绿掌的红色心形花实际为佛焰苞或蜡色变态叶，叶片底座才是真正的微型花。花烛全株有毒，误食会导致轻度胃部不适。绿掌的汁液会导致皮肤刺激。

6. 白掌

白掌是一种温和的多年生常青植物，叶片大，呈心形，有光泽的深绿色。它最适合生长于室内的肥沃土壤中，喜高湿度和过滤光。定期浇水喷雾，需要每月施加液体肥料。

7. 薜荔

薜荔，原产于中国、日本和越南。温度：温暖（20 ~ 28 摄氏度）；水分需求：中至高湿度。

8. 斑锦吊兰

吊兰，多年生草本植物，百合科。日照：阴凉；土壤类型：黏土、沙土、酸性土、弱碱性土、肥土；花色：白色；叶色：斑驳；高度：15 ~ 30厘米；幅度：60 ~ 120厘米。

9. 虎斑秋海棠

虎斑秋海棠是一种温和的多年生植物，有蔓延分叉的地下茎，为丛生、无茎植物，约 15 ~ 20 厘米高。虎斑秋海棠主要以叶片生长，叶子的颜色只有在高湿度、远离日光直射又光照良好的情况下才能呈现出良好状态。

10. 粉钻网纹草

这种植物以深粉色叶脉、波浪形绿色叶缘和卵形到椭圆形叶子为特色，喜非直射或斑驳日光，在荧光等下亦能繁茂，不要暴露在全日照下。植物需保持潮湿，处在高湿度环境中，需经常喷雾或生长在卵石和水的托盘中。

11. 水晶花烛

这种花烛拥有梦幻的白色或浅绿色纹理，与深绿色叶片形成鲜明对比。佛焰苞呈浅绿色，略带一点红。它喜半阴或弱光。冬天，气温最好不低于 18 摄氏度。喜温暖潮湿环境，最好喷雾。冬季应减少浇水。

12. 波斯顿蕨

一种常青蕨类，直立向上，高度、幅度均可达 90 厘米。喜明亮的非直射光，不喜日光直射，耐阴凉，土壤应保持潮湿。

13. 黑魔法秋海棠

黑魔法秋海棠长在蔓延的根茎上，叶片诱人，呈中等尺寸，光滑，有裂纹。花为粉色，在冬末至春天开花。这种植物喜欢过滤光，但冬季也可照射日光。土壤最好保持潮湿。

地点
西班牙，埃尔切
建筑设计
AM 建筑设计事务所
团队总监
安东尼奥·马奇亚·马特乌

园艺设计
PU 设计公司
摄影
大卫·弗鲁托斯

绿墙中的自助餐厅

埃尔切市于 2013 年发布了城市空间改造名单，名单涉及将 35 个城市空间改造成自助餐厅或演奏台。其中 25 号场所最为引人注目，即圣伊萨贝尔广场。项目所在的地理位置卓越，四周环绕着圣玛利亚教堂、古阿拉伯城墙的高塔、阿尔塔米拉宫和埃尔切市政公园。

设计要求将空间改造成自助餐厅，并且在原有的路面上设计一个露台，采用绿墙和隔断墙。主要设计目标是重塑这个位于城市重要位置的残余区域，因此设计师决定设计一座隐形的建筑，使其不与周边建筑争辉，也让新的垂直花园成为设计的焦点。他们设计了一个准垂直花园，将自助餐厅、洗手间和储藏室包围起来，把其余的空间留下作为露台呈现。

首先，设计师用型钢构建了一个三角形结构，使其固定在隔断墙上，墙面覆盖两层膜（PVC 膜和毛毡），作为灌溉系统和植物的支撑。花园面积 150 平方米，由 3000 多种不同的地中海物种构成，其中一些为地中海特有物种（例如：桃金娘、蔷薇果、薰衣草、苔草、都尔巴喜、狼尾草等）。水培灌溉系统和上述植物的

运用使得项目无需使用杀虫剂，仅需自然授粉。值得一提的是，绿墙可以为100余人提供氧气，每年能吸收70吨气体、26千克以上的重金属和近14千克的灰尘。

整个设计还配有小型音乐区和露天电影院。此外，与项目相连的艺术设施还被配上了遮阳伞，伞上的帆布有一些当地艺术家的绘画。

1. 桃金娘

桃金娘是南欧一种常见的常青丛生灌木，叶片呈矛形，花朵为白色或玫红色，有香气，果实呈黑色。

2. 大叶醉鱼草

大叶醉鱼草有大而窄的矛形褶皱叶片，叶片背面灰白，有时多毛。

3. 金丝桃

金丝桃是具有匍匐茎的半灌木，通常为30厘米高，60厘米宽，经常被选为地被植物。它以大的玫瑰形5瓣黄花为特色，花朵有浓密的花蕊和红色的花粉囊。

4. 羽绒狼尾草

羽绒狼尾草是一种温和的多年生喷泉草，原生于非洲、东南亚和中东。它是一种生长迅速、成簇的草，有弓形的长条窄绿叶，在夏末开出花穗。

5. 迷迭香

迷迭香是一种木质多年生草本植物，有芬芳常青的针状叶和白色、粉色、紫色或蓝色的花朵，原生于地中海地区。

6. 薰衣草

薰衣草属薄荷科，有香气，花朵呈唇形。它的叶片沿着茎成对螺旋生长，茎切开后呈方形截面。

7. 木茼蒿

木茼蒿开黄花，几乎一种下就能开花，一直开到霜季来临。即使在炎热干燥的环境中，它也能开出大量的花，让绿叶几乎全被挡住。

8. 鼠尾草

鼠尾草是一种具有精神刺激效果的植物，能引起幻觉和改变精神体验。植株高1米，有中空的方形茎，大叶，偶尔开带有紫色花萼的白花。

9. 苔草

苔草是一种几乎常青的装饰草，能增添梦幻造型，与大多数植物都能良好的融合。许多苔草都是原生植物，在林园中十分常见。

10. 丝兰

丝兰是一种多年生灌木，属天门冬科，以常青的剑形叶丛和拥有大顶生圆锥花序的白色花朵为特色。

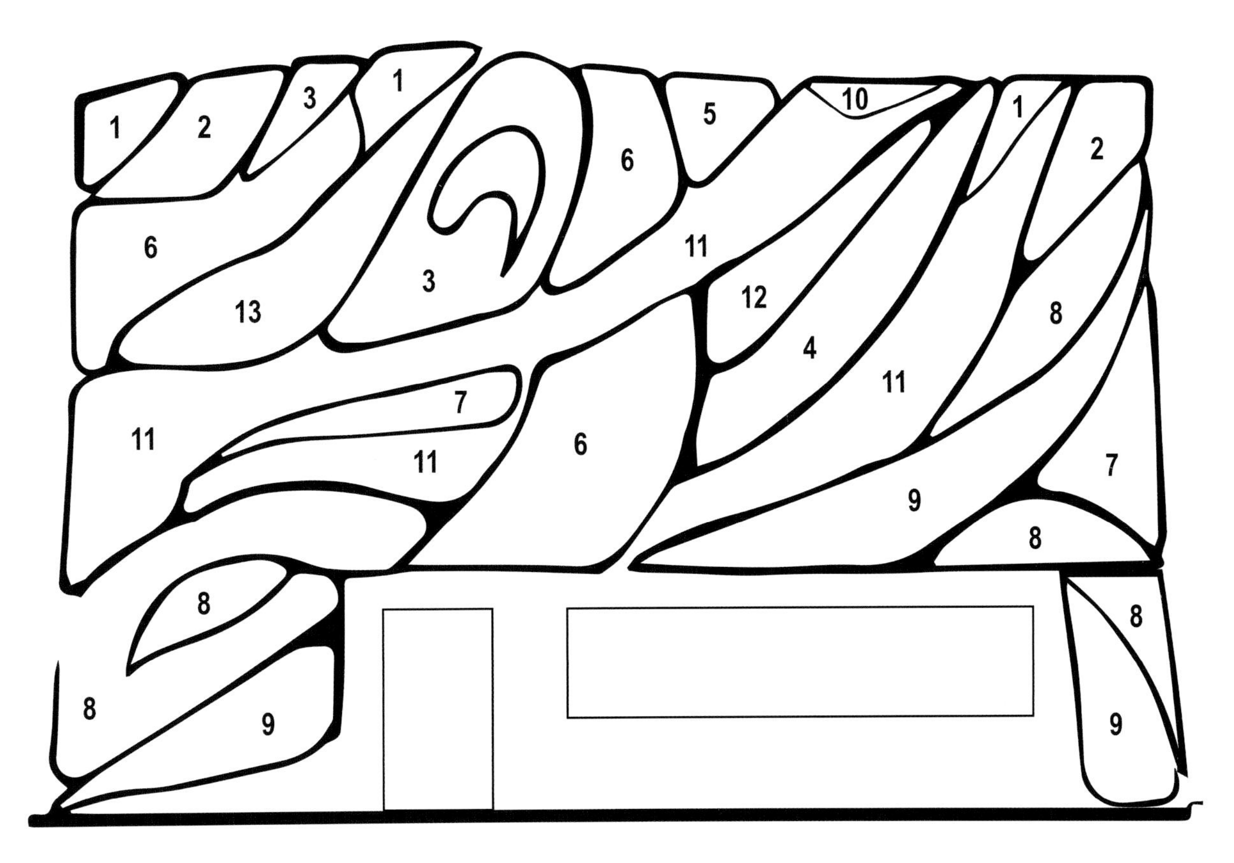

植栽配置

11. 紫娇花

紫娇花又名野蒜，叶子呈青紫色，有独特的蒜味。花朵呈伞形花序，每朵花有6个窄瓣，在花心拥有独特的冠状结构。

12. 日中花

日中花是一种肉质多年生灌木，原生于南非的开普敦。在自然环境中，植株可达60厘米高；在花坛里，只能长到45厘米左右。灰绿色叶片3面相等，长3～5厘米，有半透明斑点。

13. 松叶菊

松叶菊为蔓生肉质常青地被植物，高30厘米，宽45～60厘米；春天开花，呈红色、玫粉色或紫色；喜日照，耐干燥。

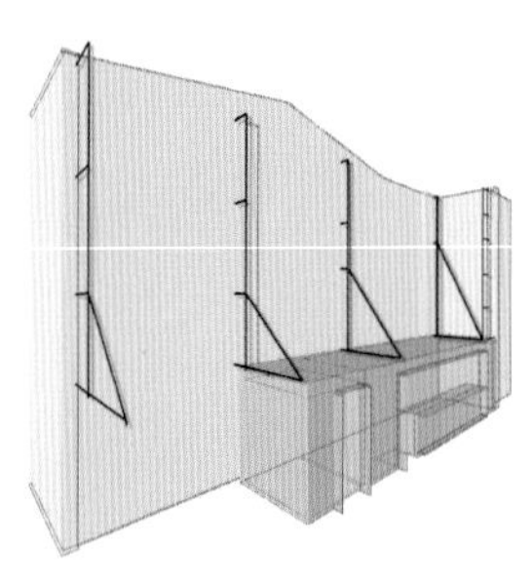

镀锌结构

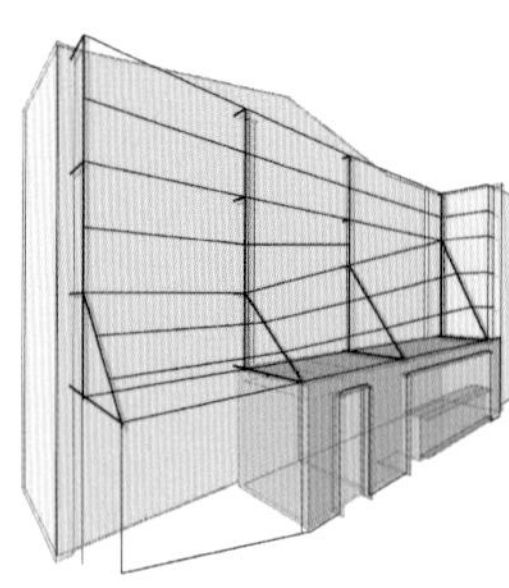

间距为 1 米的水平横臂

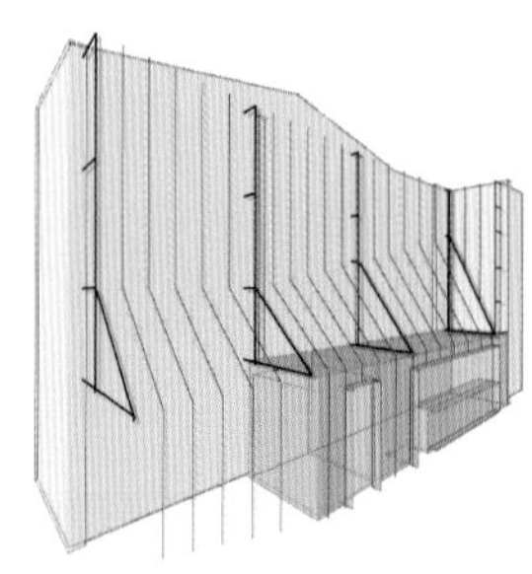

间距为 40 厘米的垂直板条

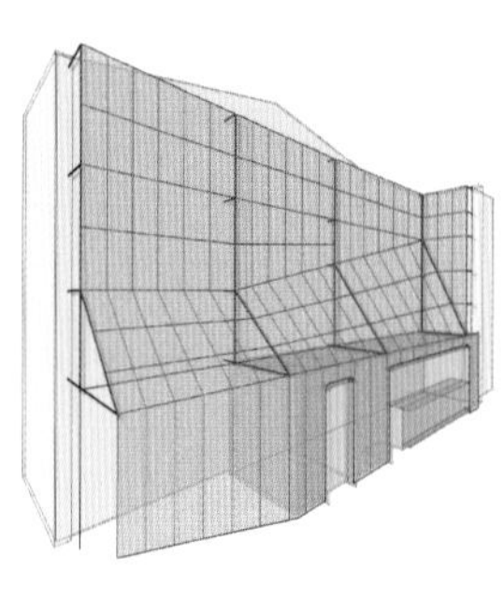

氨基塑料防水泡沫

绿墙细节图

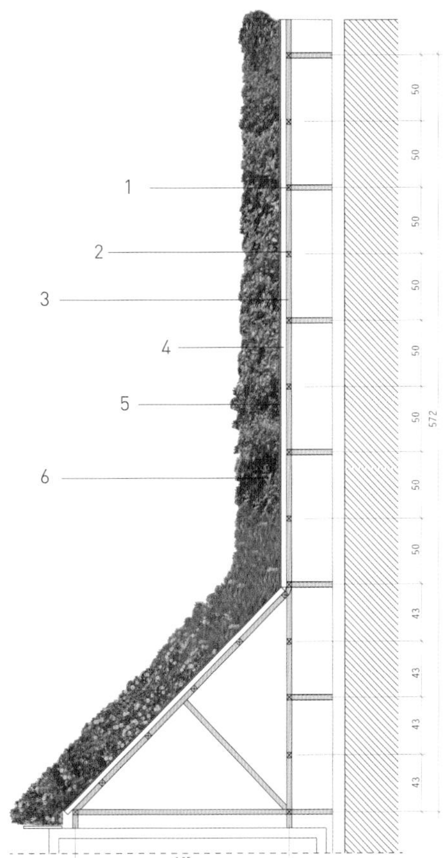

细节图

1. 镀锌结构
2. 间距为 1 米的水平横臂
3. 间距为 40 厘米的垂直板条
4. 氨基塑料防水泡沫
5. 植物生成器
6. 不同种类的植物

地点
意大利，那不勒斯
设计
阿尔菲奥·夏卡、安尼巴莱·西柯尔拉、
吉亚姆皮罗·阿雷纳
项目经理
吉亚姆皮罗·阿雷纳
委托人
意大利国家铁路基金会

绿墙尺寸
长 80 米，高 5 米
绿墙施工
Planeta 公司（卡塔尼亚）
灌溉系统
服务于每个植株的综合滴灌系统

皮特拉萨博物馆绿墙

在象征着意大利国家铁路系统的皮特拉萨博物馆里，一座纪念性绿墙将建筑的立柱缓缓围起，吸引着人们前来参观。

设计从皮特·蒙德里安的画作中获取了灵感，经过精心实验，为古老的博物馆带来了浓厚的自然气息。为了提升艺术感和建筑感、增加室内舒适度、提升空气质量和改善微环境，这幅非凡的“绿色油画”延伸 400 多平方米，似乎预先传递了未来数十年的绿色技术创新理念。

植物的艺术模块突出了绿植外墙为建筑带来的非凡的品质和艺术多样性。绿墙长 80 米，高 5 米，构建在一个轻质框架内。由于有良好的设计方案，整面墙壁在 5 天内即建成，设计所采用的创新系统保证植物的可替代性，同时也降低了维护和灌溉的成本。

墙壁汇集了 5600 株植物，包含观赏草类、砚根属植物、常春藤、山麦冬等。这些植物经过测试选择，既保证了墙面的整体覆盖，又形成了“绿色保护地幔”，保证了建筑墙壁的高度隔绝性。

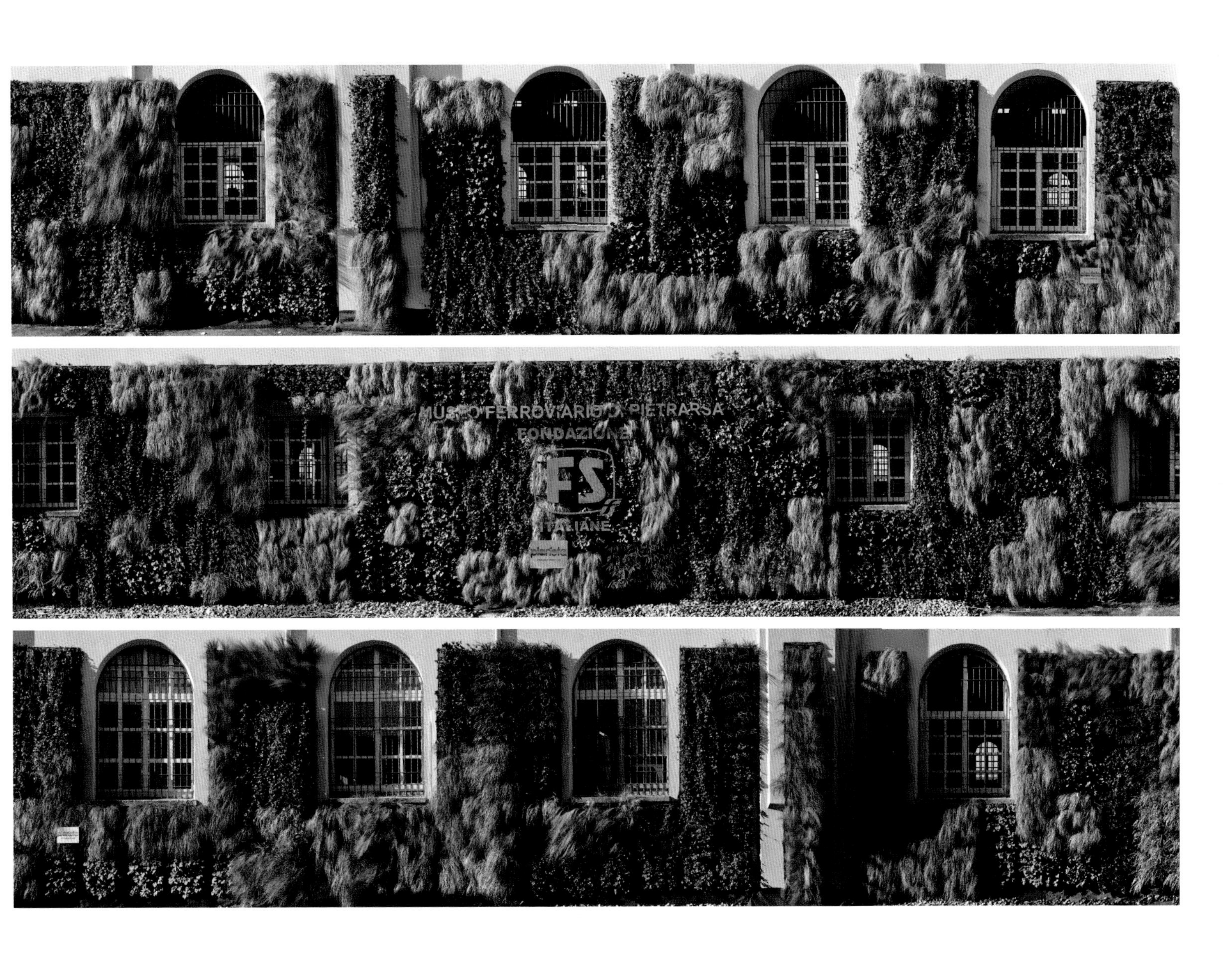
FERROVIARIO
PIETRARSA
FS

设计的目标之一是展示出如此大规模绿墙的真正前景，为城市建筑增添质感，带来自然气息。它将为相关的辅助系统技术、生长介质和最适合的植物提供最广泛的数据。

设计师在墙壁的不同部位布置了精密的监控设施，用于实施收集性能数据，显示建筑内部微环境的变化。同时，数据交换和案例分析还能提前为未来的新设计案例描绘出可能的模型。

研究的目的是深化科研结果，包含微环境控制、空气净化、减少噪声、防虫、增加生物多样性和改善心理健康等多个方面。这些因素的分析一定能在此类技术的开发和传播中起到积极的效果。

1. 秋矾根

日照：全日照、半阴或全阴；土壤类型：正常或沙性；土壤酸碱值：中性、碱性或酸性；土壤湿度：中度或潮湿；养护级别：简单；花色：白色；叶色：青铜色、金色、红色；花头尺寸：小；高度：20 ~ 40 厘米；幅度：30 ~ 35 厘米。

2. 浆果矾根

日照：全日照或半阴；土壤类型：正常或沙性；土壤酸碱值：中性、碱性或酸性；土壤湿度：中度或潮湿；养护级别：简单；花色：白色；叶色：紫色、黑色、银色；花头尺寸：小；高度：25 ~ 30 厘米；幅度：60 ~ 70 厘米。

3. 绿矾根

日照：半阴或全阴；土壤类型：正常或沙性；土壤酸碱值：中性、碱性或酸性；土壤湿度：中度或潮湿；养护级别：简单；花色：白色；叶色：紫黑色、银色、杂色；花头尺寸：大；高度：25 ~ 70 厘米；幅度：45 ~ 60 厘米。

4. 银矾根

日照：全日照或半阴；土壤类型：正常、沙性或黏土；土壤酸碱值：中性、碱性或酸性；土壤湿度：中度或潮湿；养护级别：简单；花色：红色；叶色：深绿、银色；花头尺寸：小；高度：20 ~ 25 厘米；幅度：30 ~ 35 厘米。

5. 康康矾根

日照：全日照或半阴；土壤类型：正常或沙性；土壤酸碱值：中性、碱性或酸性；土壤湿度：中度或潮湿；养护级别：简单；花色：白色；叶色：深绿色、红色、银色、杂色；花头尺寸：大；高度：25 ~ 65 厘米；幅度：30 ~ 45 厘米。

6. 巧克力奶苔草

日照：全日照或半阴；土壤类型：排水良好的壤质黏土；土壤湿度：半潮湿；耐寒性：畏寒（最低 5 摄氏度）；花色：棕色；花期：5 ~ 6 月；叶色：浅绿。

7. 霜花苔草

日照：全日照或半阴；土壤类型：正常、沙性或黏性；土壤酸碱值：中性、碱性或酸性；土壤湿度：中度、干燥或潮湿；养护级别：简单；叶色：浅绿色；花头尺寸：大；高度：20 ~ 30 厘米；幅度：30 ~ 45 厘米。

8. 常青苔草

日照：半日照至半阴，在炎热的东风中需要保护；土壤湿度：排水良好；需水量：一旦长成就耐干燥，水量要求适中；花色：棕色；叶色：绿色；高度：30 ~ 45 厘米；幅度：30 ~ 45 厘米。

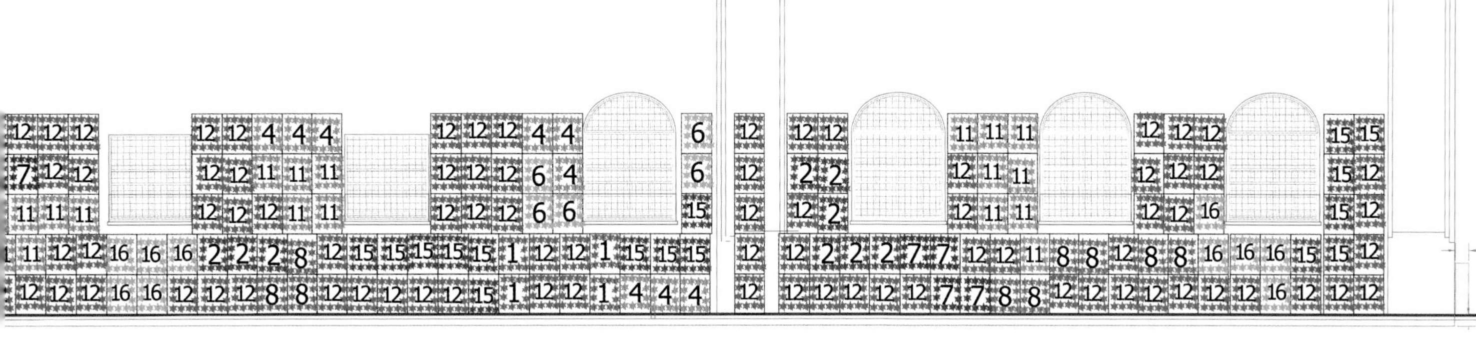

9. 蓝绿发草

日照：全日照；土壤湿度：中度或干燥；花色：奶油色；叶色：蓝绿色；高度：20 ~ 30 厘米；幅度：30 ~ 45 厘米。

10. 细茎针茅

日照：全日照；土壤类型：正常、沙性或黏性；土壤酸碱值：中性、碱性或酸性；土壤湿度：干燥；花色：奶黄色；叶色：浅绿色；高度：45 ~ 60 厘米；幅度：30 ~ 45 厘米。

11. 斜羽苔草

日照：半阴或全阴；土壤类型：正常、沙性或黏性；土壤酸碱值：中性、碱性或酸性；土壤湿度：中度、干燥或潮湿；养护级别：简单；花色：棕色；叶色：深绿色、黄色、杂色；花头尺寸：很小；高度：15 ~ 20 厘米；幅度：20 ~ 30 厘米。

12. 爱尔兰常春藤

习性：自己攀爬或地面覆盖；日照：全日照、半阴；土壤类型：沙土、壤质土、黏土、粉土；土壤酸碱值：中性、碱性或酸性；土壤湿度：排水良好；叶色：常青；花头尺寸：很小；高度：8 ~ 12 米；幅度：4 ~ 8 米；生长速度：快；芳香：无。

13. 斑锦麦冬

常用名：百合草坪；类型：多年生草本植物；科：天门冬科；日照：全日照、半阴；土壤湿度：中度；花色：紫色；叶色：彩色；花头尺寸：很小；高度：30 ~ 45 厘米；幅度：30 ~ 60 厘米。

14. 蓝麦冬

常用名：百合草坪；类型：多年生草本植物；科：天门冬科；日照：全日照、半阴；土壤湿度：中度；高度：30 ~ 60 厘米；幅度：30 ~ 60 厘米。

15. 丽色画眉草

常用名：紫画眉草；类型：观赏草；科：禾本科；日照：全日照；土壤湿度：干燥至中度；高度：30 ~ 60 厘米；幅度：30 ~ 60 厘米。

16. 黑曜石矾根

常用名：珊瑚钟；类型：多年生草本植物；科：虎耳草科；日照：全日照或半阴；土壤类型：中性或沙性；土壤酸碱值：中性、酸性或碱性；土壤湿度：中度或潮湿；养护级别：容易；花色：白色；叶色：紫黑色；花头尺寸：小；高度：25 ~ 60 厘米；幅度：30 ~ 40 厘米。

Haulotte
NOVE
199240287

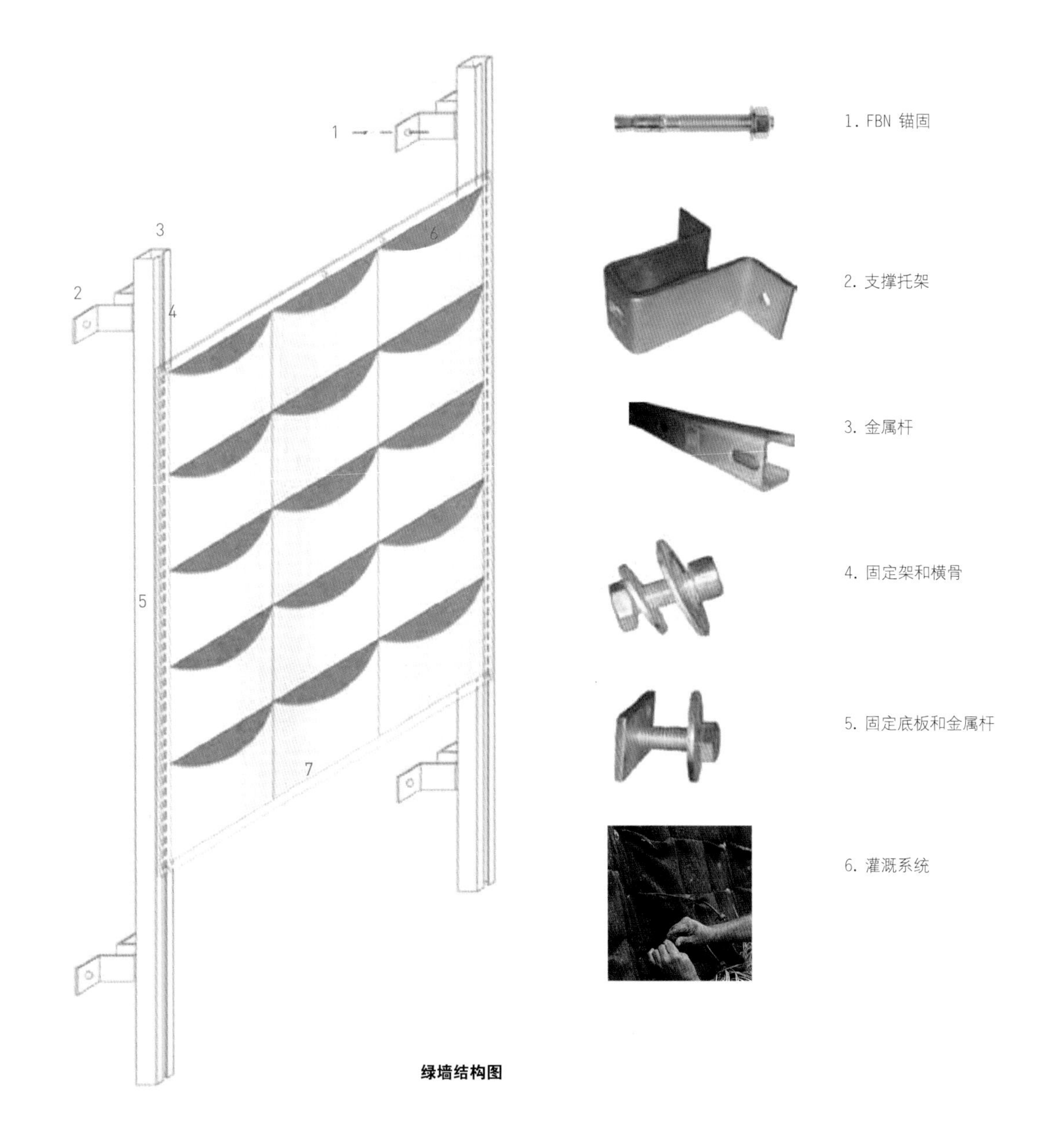

绿墙结构图

7. 绿墙板(规格为77厘米x100厘米)

地点
英国，沃里克
绿墙设计
ANS
建筑师
One World 设计建筑事务所
领衔顾问
Cundall
结构工程
Cundall
规划顾问
Deliotte
承建
Goldbek
委托人
英国国家电网

英国国家电网停车场

英国国家电网总部位于沃里克市的郊区，在华威古堡附近，共有员工约2800人。它24小时营业，全年无休，控制着全英国的电力配送设施。国家电网致力于可持续发展，因此它的停车场设计必须有非凡的绿色特征，事实上，建成的项目也确实充满了绿色活力。

新停车场为错层式，共有446个车位，采用预制钢铁框架，拥有一面1027平方米的绿墙。该绿墙为欧洲面积最大的绿墙，上面共有97000多株植物，涉及20余个品种。植物种类主要以本土植物为主，大多是为常青植物，能提供全年的绿色覆盖。绿墙在植物中加入了薄荷，能够有效的防蜂。同时，长阶花可以吸引蝴蝶，小蔓长春花能为蜜蜂提供花蜜，其他一些植物还能在冬季和初春为鸟类提供良好的筑巢材料，例如锦熟黄杨。绿墙的设计不仅为该地区增添了生态性和生物多样性，还能在各个季节开花，为生活增添色彩。此外，植株中还包含能结果的草莓等植物。

除了最明显的可持续性措施——绿墙之外，设计还包含其他的可持续措施：

· 利用场地原有的层次，将停车场建成错层结构，减少人工挖掘和破坏；

· 自然通风；

· 整座建筑在夜晚采用558个低能耗LED灯照明，照明由被动式红外探测器控制；

· 墙面上将安装鸟巢和昆虫盒

· 地面采用了可渗透铺装

· Goldbeck在6周内预制了超级结构构件，包括所有钢铁和混凝土构件

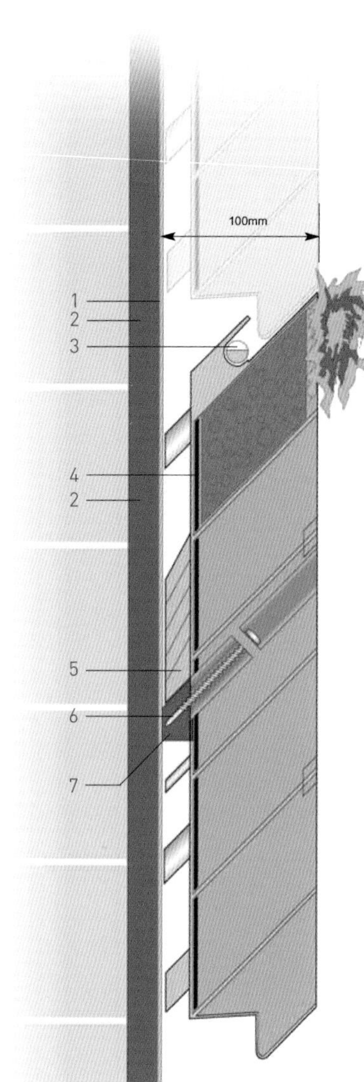

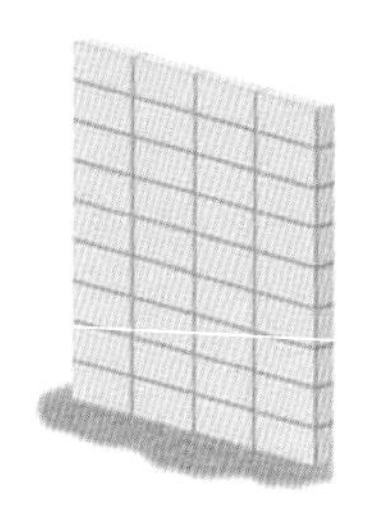

已有结构

压力处理的软质木板条

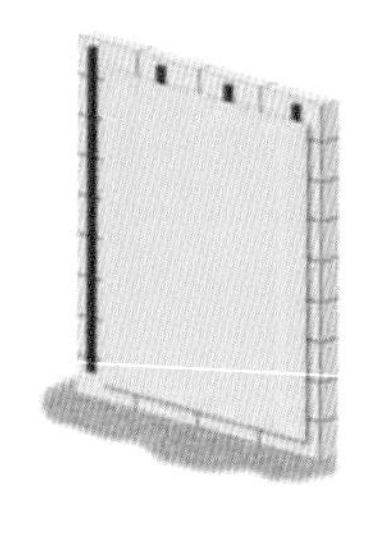

防水膜

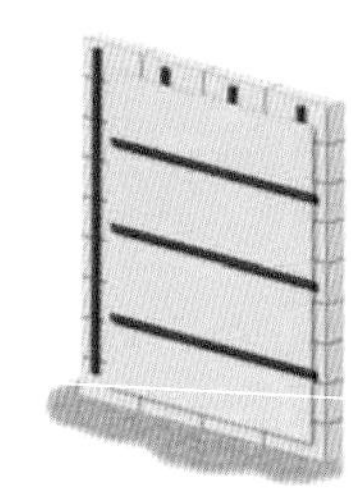

固定用横档

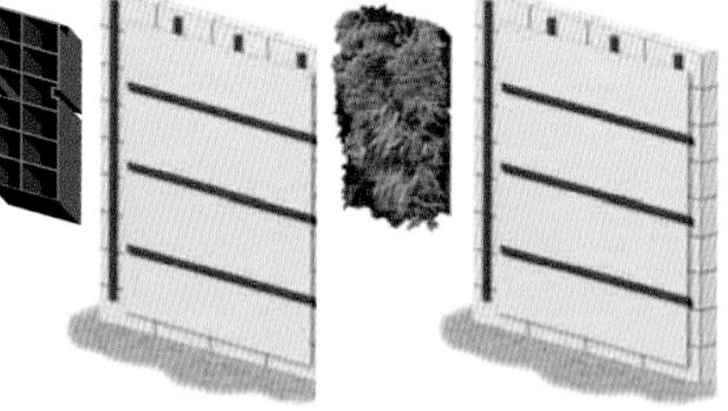

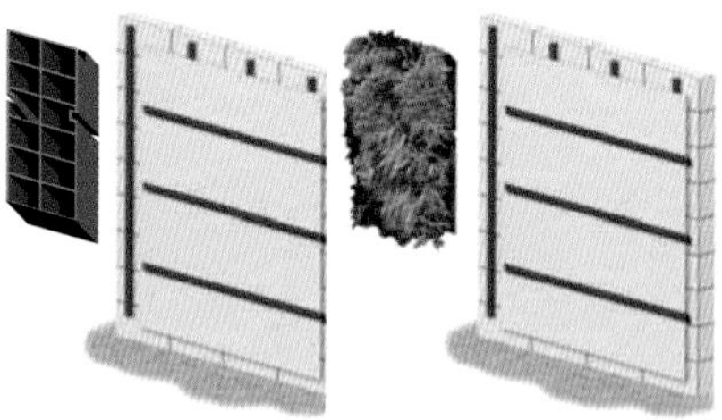

安装前预先栽种植物

将植物固定在横档上

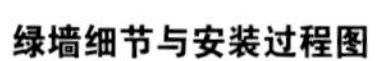

绿墙细节与安装过程图

1. 防潮膜
2. 垂直结构
3. 灌溉管道
4. 有孔的垫子
5. 悬臂支架
6. 长 60 毫米的不锈钢固定装置将植物模块与夹挂轨连接起来
7. 水平固定滑轨

直径为 16 毫米的管道

植物模块

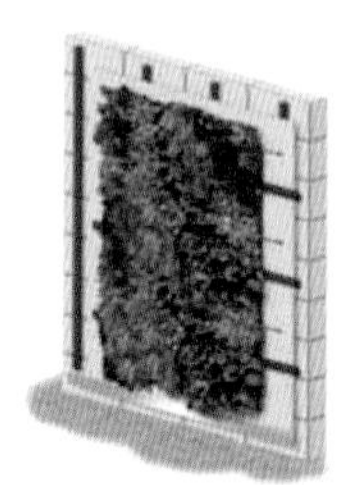

排水管道

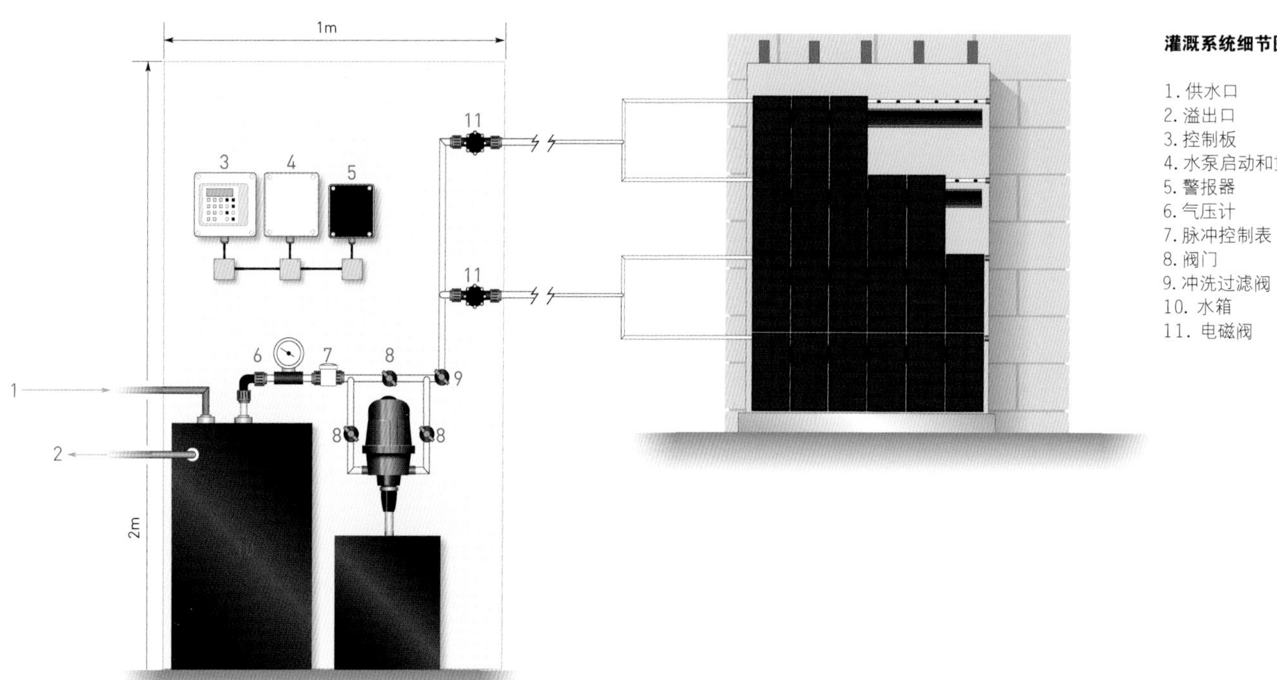

灌溉系统细节图

1. 供水口
2. 溢出口
3. 控制板
4. 水泵启动和重启装置
5. 警报器
6. 气压计
7. 脉冲控制表
8. 阀门
9. 冲洗过滤阀
10. 水箱
11. 电磁阀

1. 薄荷

薄荷在潮湿阴暗的环境中生长最好，它需要大量的水分，但是不能积水，最好种植在半阴至阴暗的地方。

2. 长阶花

长阶花有很小的灰色叶片和整齐的原型生长序列。植物尺寸约30厘米×40厘米。它应当被种植在肥料丰富、排水良好的土壤中，不喜欢一直潮湿。在温暖的天气，定期浇水能让它保持茂盛健康，但是不要过度。一旦开花，请适当修剪以保持整洁。

3. 小蔓长春花

小蔓长春花是一种出色的地被植物，拥有深绿色的亮叶和紫蓝色的风车形大花，花期从晚春一直持续整个夏天。它在干燥至中度潮湿、排水良好的土壤中能良好生长，喜全日照至半阴，耐阴，日照过多会使叶片枯萎。

4. 锦熟黄杨

锦熟黄杨通常生长在中度潮湿、排水良好的壤质土里（例如，沙土和黏土的混合土壤），喜全日照至半阴，喜弱酸至弱碱性的土壤，适合修剪。

地点

乌拉圭，蒙得维的亚

设计

Margoniner 建筑事务所

摄政酒店绿墙

酒店位于乌拉圭首都蒙得维的亚喧嚣的市中心。周边商业建筑带来的人流会被建筑师所设计的酒店底层和外墙所吸引。酒店前方是一个三角形的广场，可作为多功能公共空间。设计计划将一部分公共生活引入酒店中央的内庭。人行道一直通向酒店，让广场逐渐渗透到建筑内部，与露天天井相连。绿墙和红喷泉与酒店的小食餐厅相配合，共同向人们发出了邀请。

设计师力求为宾客提供一种混合了城市生活和绿意的户外氛围。宾客随着喷泉瀑布的水声走进庭院，渐渐远离城市的喧嚣。绿墙将景观体验带到了高潮。它总面积 40 平方米，拥有 25 种 6000 多株植物。这个垂直花园体现了建筑师和酒店的可持续设计愿望。它长 10 米，高 4 米，以模块式 PVC 板为底，用石棉作为植物生长的基质。三条水培灌溉线为墙壁提供水分，使营养素遍布整个由土工布覆盖的墙体。

朝向和建筑环境为绿墙设计带来了挑战，因为它无法接受到均匀的阳光照射。朝西的方向让夏日的午后烈日直射墙面，对植物的生长很不利。因此，项目需要

一个特殊的种植策略来实现不同环境场景下的精准水分灌溉。建筑师设计了 10 个区域，根据日照和湿度的需求安排了不同的物种。每个区域由 2 ~ 3 种植物构成，它们的百分比充分考虑到了植物的生物需求和叶片构造。

最终，设计所呈现的是一幅能随着季节变换而跳跃变化的彩色画卷。混合植栽策略实现了生物的多样性，即使有一种植物受损，也能保证整体安全。它还保证了全年都有鲜花盛开。设计策略还可以保证植物根据需求进行移栽。一年之中，植物交替繁盛，让墙面随时处于变化之中。

绿墙细节图

1. 喷水口
2. 绿墙模块
3. 38 厘米长水管
4. 补偿管
5. 生长介质
6. （调节管道流量的）旋塞
7. 水泵
8. 水管
9. 容量为 200 升的水箱

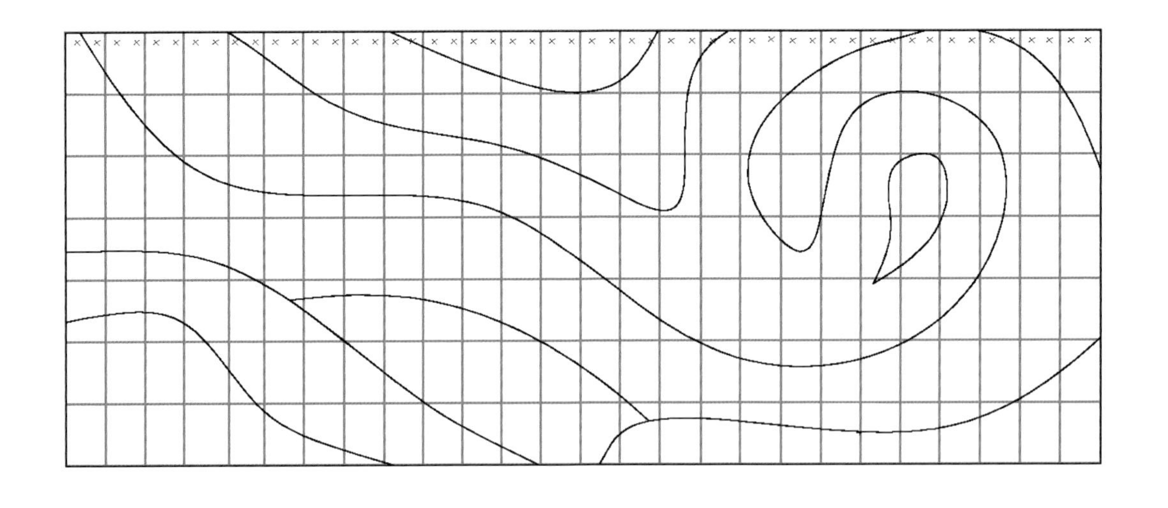

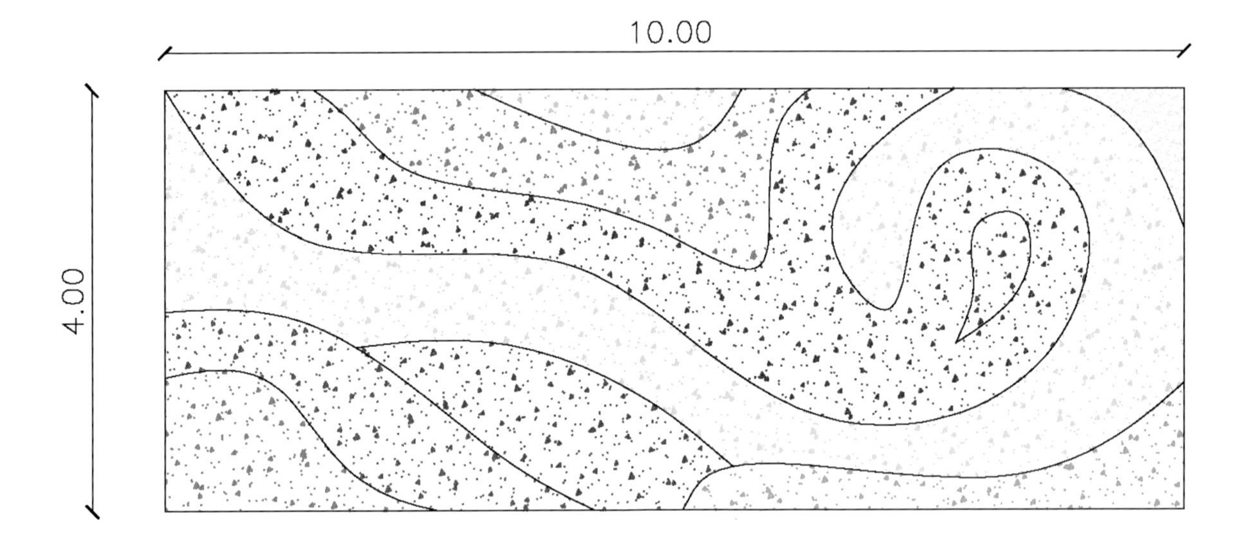
10.00
4.00

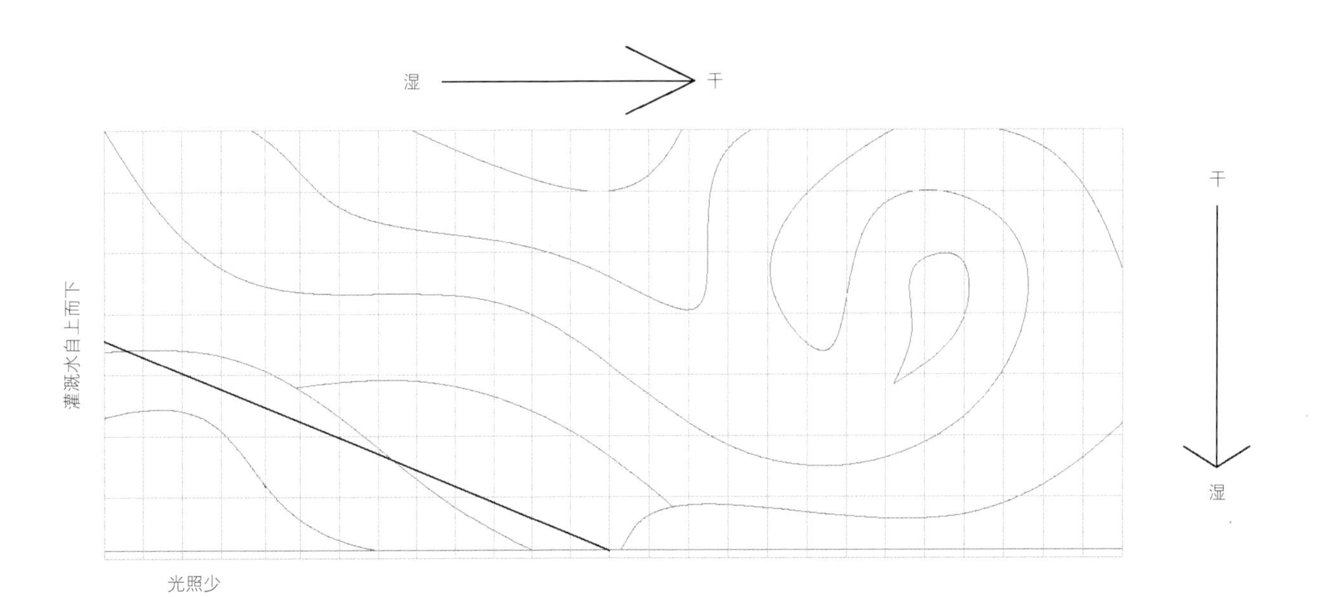
湿
干
灌溉水自上而下
干
湿
光照少

1. 常春藤

五加科常春藤属多年生常绿攀援灌木，气生根，茎灰棕色或黑棕色，光滑，单叶互生；叶柄无托叶有鳞片；花枝上的叶椭圆状披针形，伞形花序单个顶生，花淡黄白色或淡绿白色，花药紫色；花盘隆起，黄色。

2. 羊茅

羊茅是一种属禾本科的开花植物，常青或多年生草本植物，呈簇状生长，高度可达 10 ~ 200 厘米。

3. 鳞芹

鳞芹属独尾草科，是一种多肉植物，有复总状花序，花朵多为黄色，带有雄蕊。一些品种有白色、橘色或粉色花朵。

4. 筋骨草

筋骨草又名石松、地瓜儿苗，是一种一年生及多年生草本开花植物，属唇形科。它能长至 5 ~ 50 厘米高，有对生叶。

5. 白千里光

千里光属菊科，花朵呈射线状，花头分开成簇状，常为黄色，但是也有绿色、紫色、白色和蓝色花朵。

6. 锦葵

锦葵是一年生、两年生及多年生草本植物，属锦葵科，约有 25 ~ 30 个品种。它的叶子呈掌状裂开，交替生长。花朵直径 0.5 ~ 5 厘米，有 5 瓣粉红或白色花瓣。

7. 蔓长春花

又名大叶长春花、大长春花，是一种多年生藤蔓植物，开蓝紫色花，原产于南欧和北非。不开花的茎沿地面生长，开花的茎向上生长。

8. 吊兰

常用名：蛛状吊兰；类型：多年生草本植物；科目：百合科；日照：阴；土壤类型：黏土、沙土、酸性、弱碱性、壤质土；花色：白；叶色：杂色；高度：15 ~ 30 厘米；幅度：60 ~ 120 厘米。

9. 茎秆番杏

茎秆番杏又名粉冰花，是一种快速生长的多肉类爬藤植物。它喜日照，有绿色微亮的叶片，看起来闪闪发光。它可长至 60 厘米宽，12 厘米高，亮紫色花朵在晚春开放。

地点

新加坡

设计

Greenology 设计公司

摄影

Greenology 设计公司

樟宜综合医院访客中心

这面绿墙沿着医院的一条主通道而立，别具一格。植物攀爬在绿墙的两面，以不规则的造型与暖色调的欧洲赤松木共同形成了质感丰富的层次，为原本肃静又稍显枯燥的医院环境带来了些许自然之感。

将绿色植物引入半室内环境是极具挑战性的。绿墙的一面能接受到自然光照；而另一面则不能，植物需要额外的人工照明来得以生长。通过人工照明技术，绿植可以被引入原本被认为不适合植物生长的空间。

绿植与健康医疗之间的积极联系早有传统，多年来，大量数据表明绿色空间能促进病患的治疗。只需要观看植物几分钟就能缓解生气、焦虑和疼痛，让人放松。这件植物艺术品只是樟宜综合医院诸多绿植设计的一部分，这些绿植设计在生理和心理上都为病患和医院员工里带来了积极的效果。

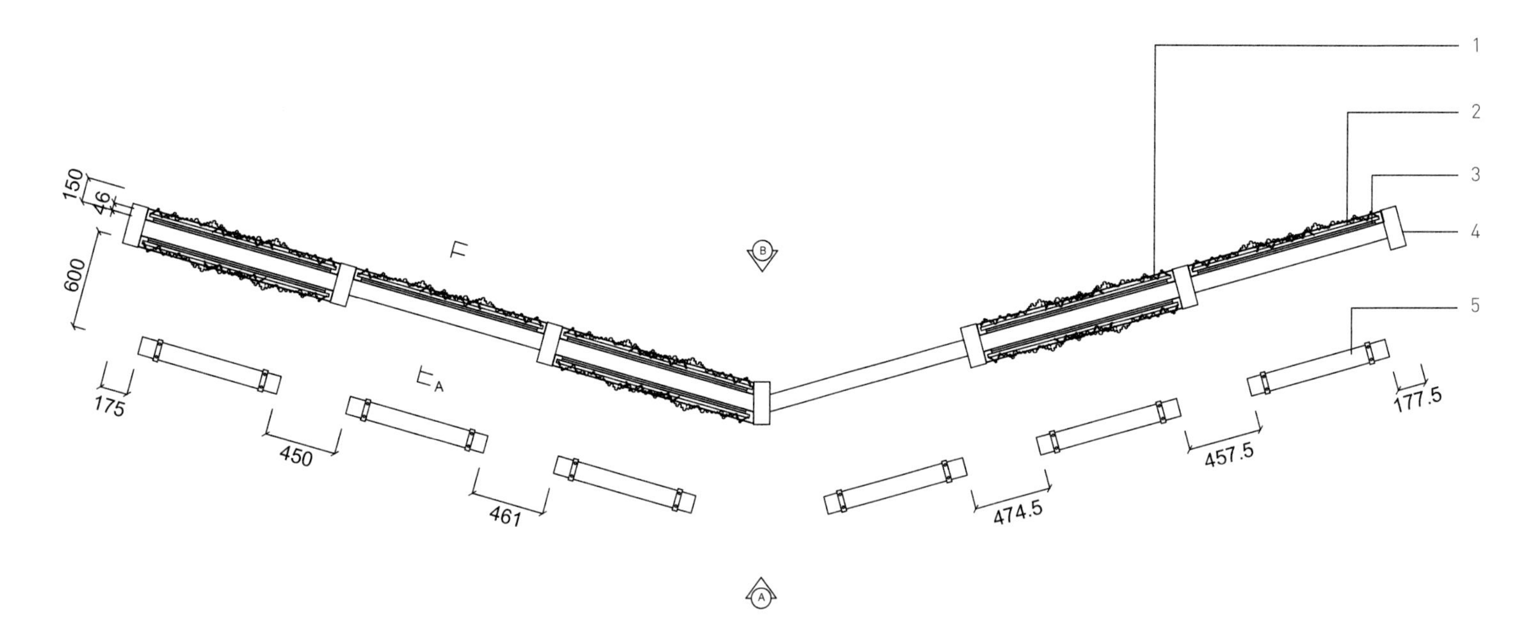

平面图

1. 原有的排水槽
2. 带纳米纤维和土工布的绿墙面板
3. J 形铝条
4. 原有的空心框架结构
5. 120 光伏的 LED 植物生长灯

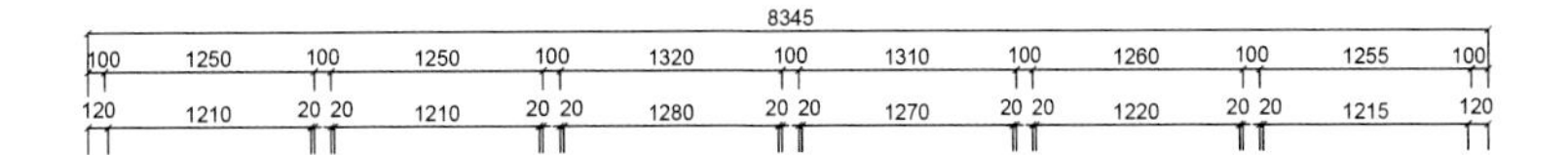

A 面绿墙立面图

1. 带纳米纤维和土工布的绿墙面板
2. 肯博尼木板
3. 黑色粉末喷涂不锈钢排水槽

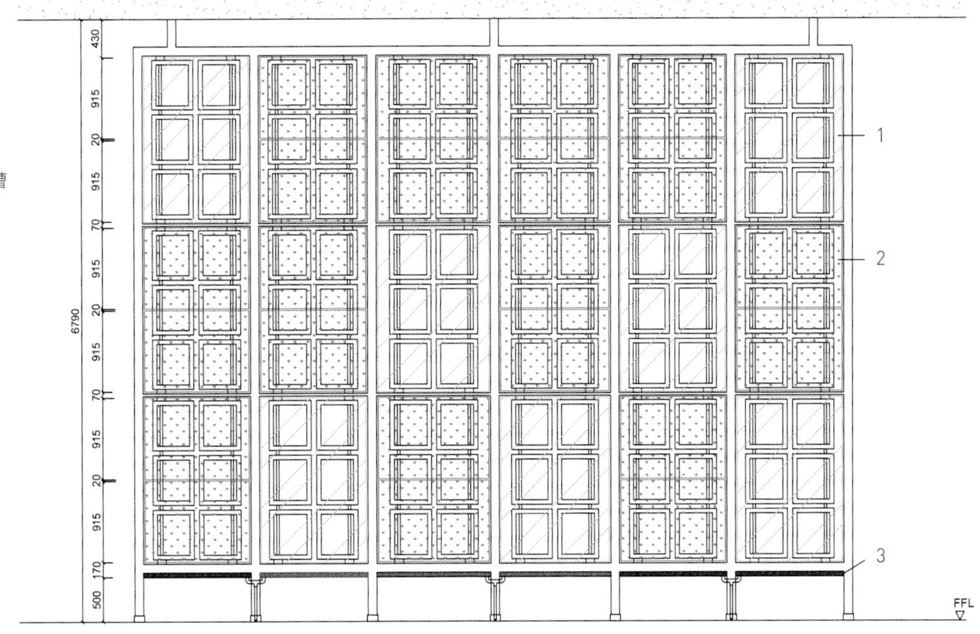

1:40

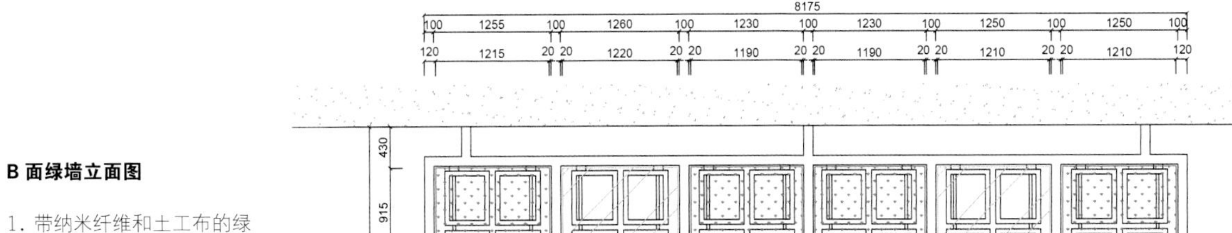

B 面绿墙立面图

1. 带纳米纤维和土工布的绿墙面板
2. 肯博尼木板
3. 黑色粉末喷涂不锈钢排水槽

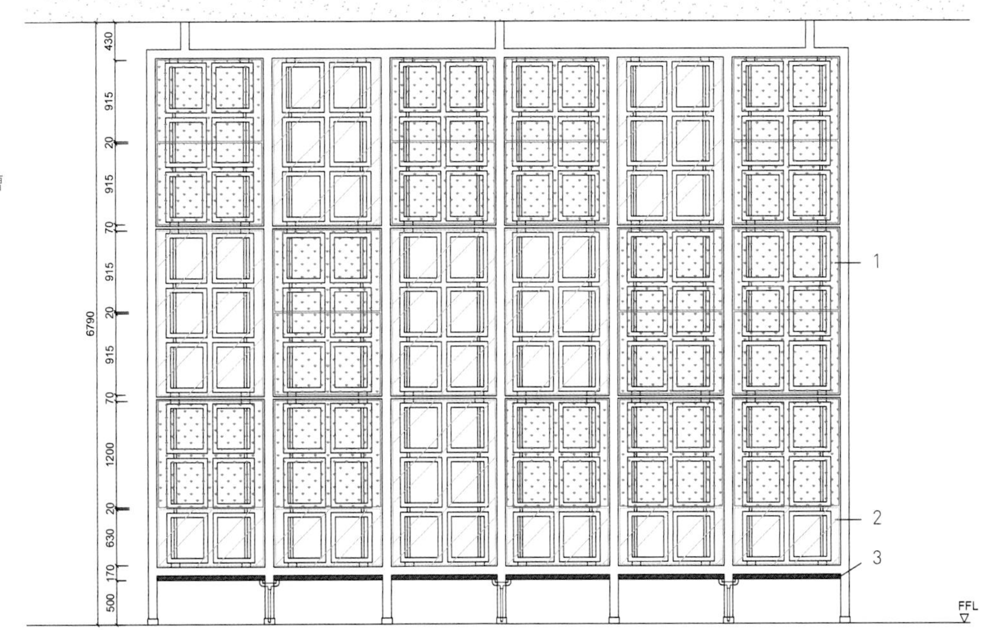

1:40

1. 石灰绿喜林芋

石灰绿喜林芋的叶片呈明亮的石灰绿色至金黄色，有独特的粉色叶柄。它有紧凑茂密的植株造型，从根部长出许多叶子和嫩枝。

2. 心叶喜林芋

心叶喜林芋是一种常见的住宅植物，极易生长。有光泽的心形叶片先呈青铜色，然后迅速变绿。叶片通常为 5 ~ 10 厘米长，细长的茎可生长至 1.2 米以上。

3. 杂色喜林芋

杂色喜林芋是一种适应性很强的植物，能吸收空气中的毒性。它喜欢在两次浇水间干燥的土壤，喜亮光，但是不能阳光直射。它在多种环境中都能存活，但在 21 ~ 32 摄氏度时生长最好。

4. 仙境喜林芋

仙境喜林芋呈自然的堆砌状，拥有令人愉悦的不同纹理。植物向外扩展，随着成熟，叶片越来越分开。定期浇水，但是需要保证两次浇水之间土壤干燥。

5. 圆叶冷水花

圆叶冷水花为匍匐植物，叶片呈酒红色，需要定期浇水，但不能过度，适合生长在室内，高度 30 ~ 45 厘米，喜日照或半阴，全年开粉色、白色花。

6. 冷水花

冷水花荨麻科中最大的一属，大多数品种均为肉质喜阴草本或灌木植物。它有对生的单叶，每片叶上从叶基长出 3 个主叶脉，但一些品种也没有叶脉。

7. 亮叶海棠

许多杂交的亮叶海棠都有装饰叶片，一些还有诱人的花朵。秋海棠喜潮湿但排水良好的土壤和阴凉环境，同时还需要高湿度和恒温环境。

8. 迷你龟背竹

迷你龟背竹有着奇特的叶片造型，叶片几乎一长出来就有孔洞，叶片平均长度约 12 ~ 15 厘米，但是成熟植株上的叶片可能更大，易于攀爬。这种植物具有快速攀爬的习性，喜明亮日照或半日照、潮湿且富有机物的土壤。

9. 花烛

花烛的红色心形花其实是佛焰苞或蜡质变态叶，它从肉穗花序的底部拉出，花序里生长着真正的微型花。花烛的所有部分都有毒，误食会引起轻微的胃部不适。花烛的汁液可能刺激皮肤。

10. 鼠毛菊

草本、亚灌木或灌木，稀为乔木。有时有乳汁管或树脂道。叶通常互生，稀对生或轮生，全缘或具齿或分裂，无托叶，或有时叶柄基部扩大成托叶状；花两性或单性，极少有单性异株，整齐或左右对称，被白色柔毛或几无毛。

11. 绿合果芋

绿合果芋是一种易于生长的室内盆栽植物，喜温暖潮湿，喜明亮的直接光照，但不能阳光直射。生长季需定期浇水，但秋天至深冬应减少浇水，喜高湿度。

12. 吊兰

吊兰是多年生草本植物，属百合科，喜阴，喜黏土和沙土，土壤最好为弱碱性壤质土。花朵呈白色，叶片呈斑驳色，高度 15 ~ 30 厘米，幅度 60 ~ 120 厘米。

13. 银线蕨

银线蕨可长至 60 厘米高，喜阴，水分需求适中，是一种漂亮的蕨类，在叶片上有一条显眼的白色宽条纹，在阴暗潮湿处生长最好，可用作地被植物或混合盆栽。

14. 石青剑叶草

石青剑叶草十分脆弱，冬季需放在室内，喜半阴或全阴，尺寸可达 60 厘米高，90 厘米宽；需要定时浇水，开白色花，结橙色果实。

15. 秘鲁铁线蕨

秘鲁铁线蕨是一种漂亮的大型蕨类，原生于秘鲁，可长至 1 米。在室内生长的秘鲁铁线蕨需要过滤光和恒定的温度。这种植物通常在半阴至全阴处生长，不要暴露在任何阳光直射或亮光之下。夏季可以自由浇水，冬季需保持潮湿。尽管植物需要保持潮湿，但不要浇水过量。

思博尔霍克垂直花园

地点

荷兰，阿纳姆

设计

Nexit 建筑事务所

面积

180 平方米

摄影

西亚·范德赫维尔——DPR 摄影

荷兰阿纳姆市的思博尔霍克街区建筑密集，缺乏绿色。根据居民需求，设计团队为他们设计了一个垂直花园。在这一地区的街道上，没有种植树木或灌木的空间，但是有许多墙壁和山墙适合做垂直绿化。

设计以及设计的实施均有建筑激励措施（2012 绿色建筑奖）的资助。项目包含多个绿色墙壁，其中两个已经实现。第一面绿墙由住宅组织实现，是位于杰夫街道的绿色屏障，由藤蔓植物构成。第二面绿墙由当地政府实现，是位于布罗姆街的垂直花园。KGG 园艺为项目提供了由各种景天属、禾本种和草本种植物构成的独特花篮。这些花篮既可以堆叠起来，又可以独立摆放（放置在墙面前方）。

立柱高 10.5 米。椭圆形的花园能减少种植的阴影效果。灌溉系统将提供充足的水分。垂直花园的建成大大提升了地区的微环境。端墙不再那么炎热，花园也是不少昆虫和鸟类的理想栖息地。垂直花园为雨燕和蝙蝠提供了特殊的鸟巢，同时也吸引了大量会唱歌的鸟类。

P
38-JX-VZ

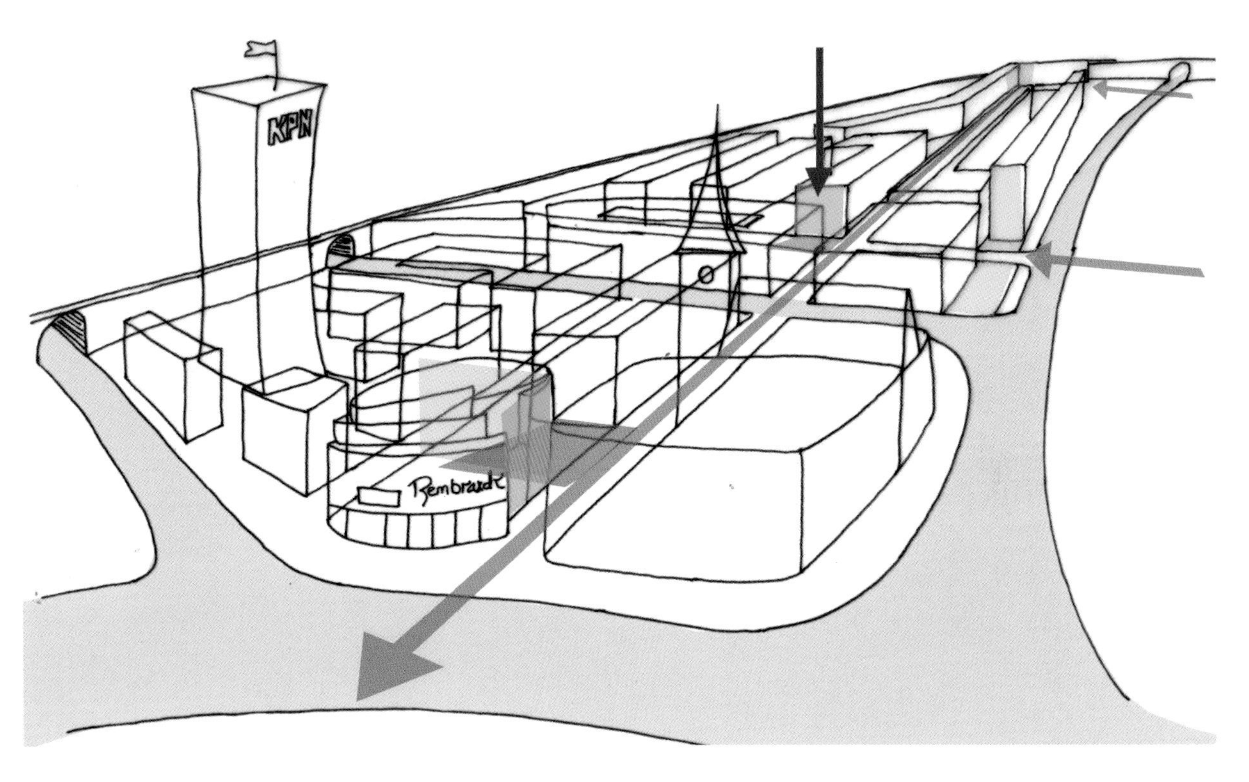

项目总览图（红色箭头指示绿墙所在位置）

灌溉系统

A. 抽水井
B. 电子水阀
C. 控制电缆
D. 计算机（用于控制绿墙灌溉）
E. 水管
F. 雨水感应器

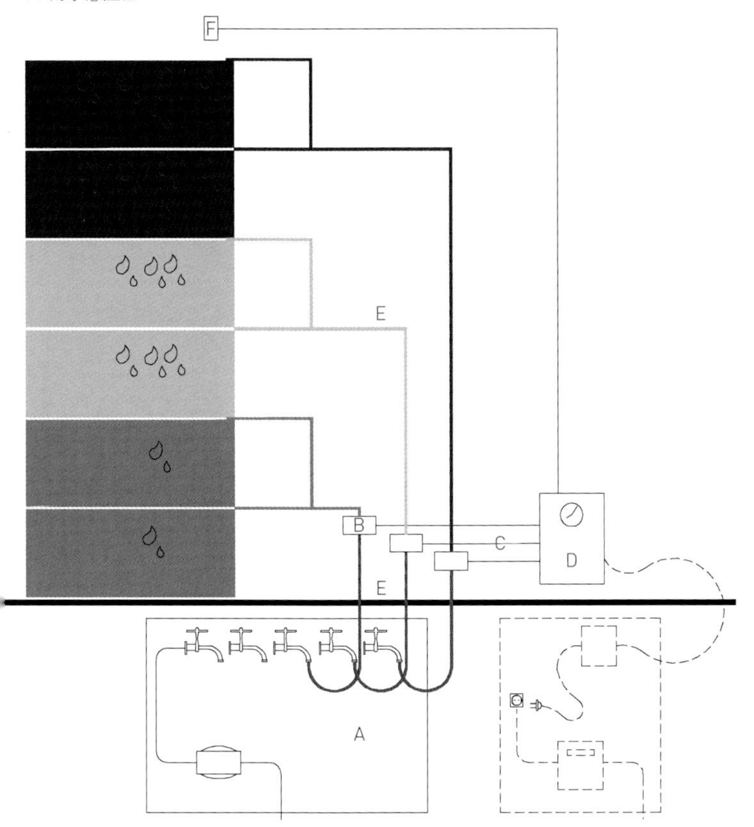

总图

1. 连接器
2. 椭圆形植物槽
3. 不锈钢网

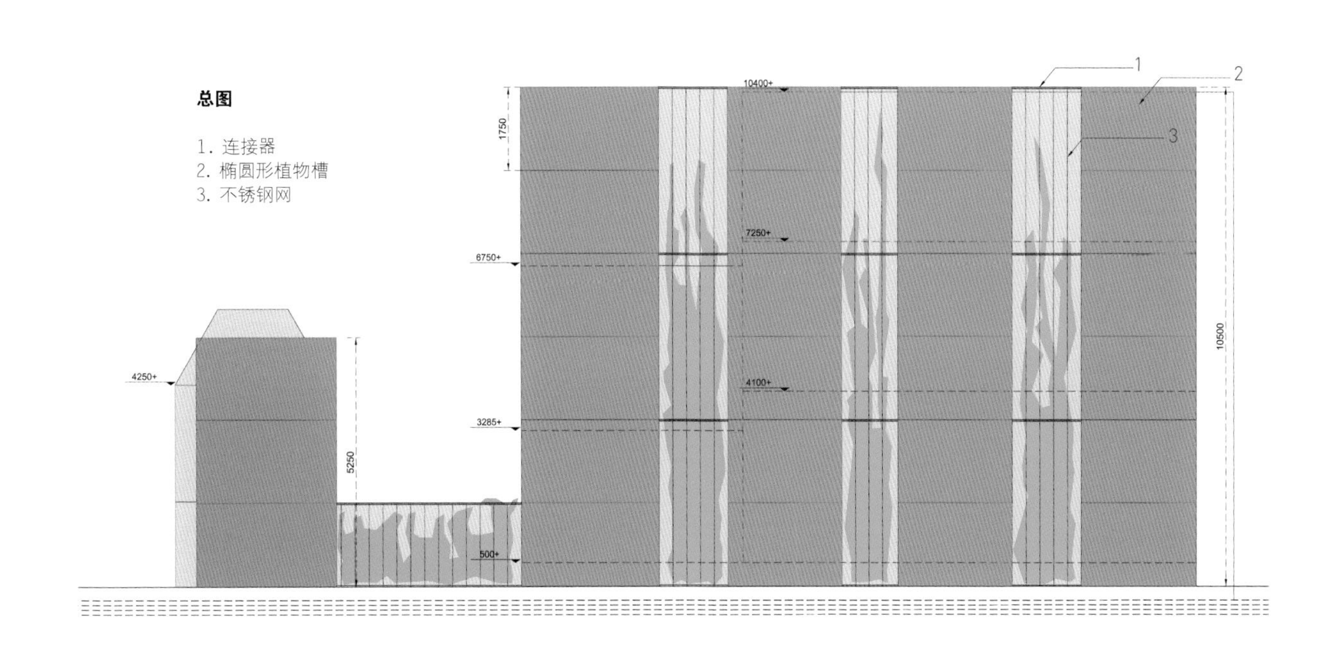

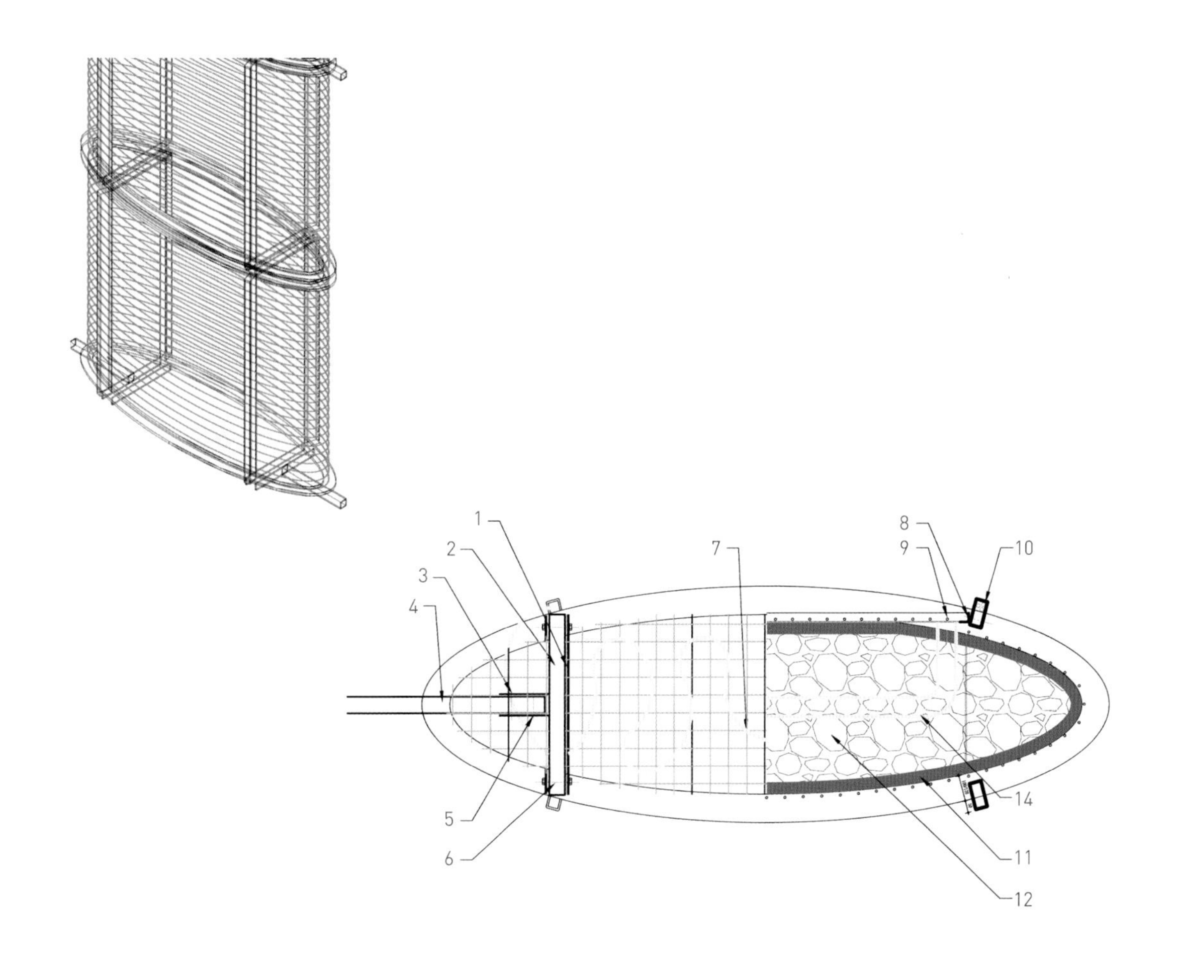

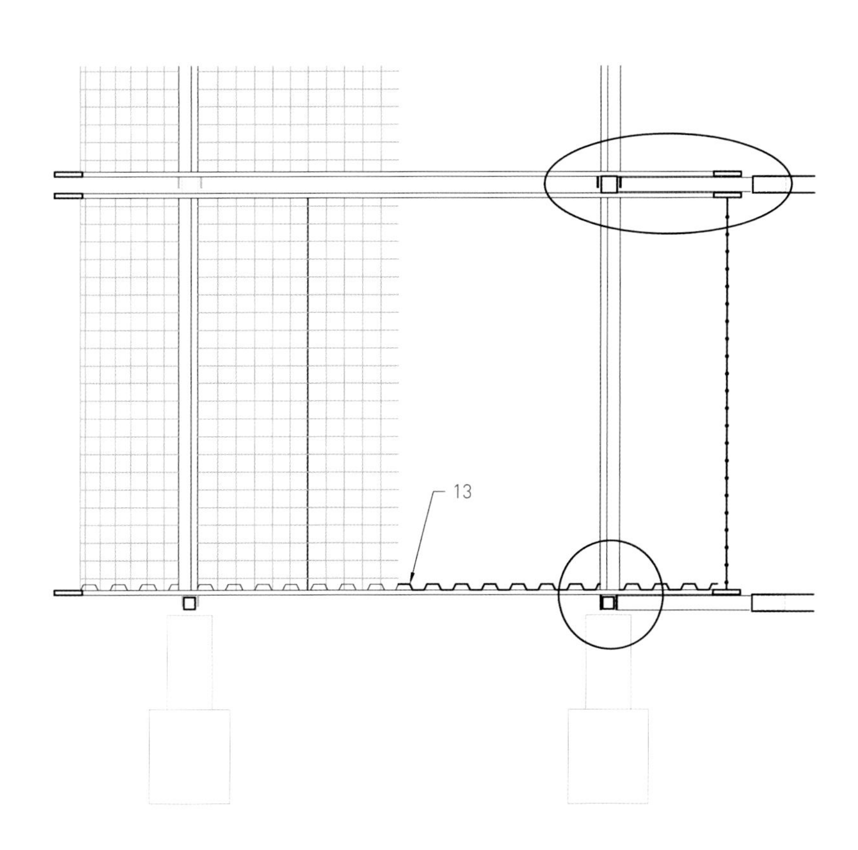

绿墙细节图

1. 基座
2. 力矩调节
3. 2 号连接器
4. 1 号连接器
5. 2 号螺栓连接
6. 1 号螺栓连接
7. 滴水管
8. 3 号螺栓连接
9. 挡板
10. 灌溉水管
11. 景天植物
12. 石沙
13. 穿孔板桩
14. 块石头排水沟

项目地点
越南，岘港市
景观设计
TA 景观事务所
施工方
TA 景观事务所

委托客户
太阳集团
面积
396,858 公顷
摄影
英乌

『迷宫』垂直花园

“迷宫”垂直花园（A-Mazing Vertical Garden）项目用地海拔 1437 米，昼夜温差大，一日之内可以体验四季。委托客户太阳集团（Sun Group Corporation）的目标是在此地打造一处具有“天堂美景”的娱乐休闲空间。这里从前是法国殖民区的一家山地度假村，这样的背景让设计师萌生了打造“爱情花园”浪漫景观的设计理念。

委托客户希望这座花园能赶在旅游季开始之时开放，所以要求 TA 景观事务所（TA Landscape Architecture）在六个月内完成，包括设计和施工。但是，对于法式景观风格来说，灌木修剪和迷宫格局是必不可少的元素。一般来说，这种有修剪的灌木和迷宫格局的法式花园需要数年才能完成。所以对设计师来说，如何确保工期并兼顾设计品质，确实是一项巨大的挑战。

用地条件

项目用地位于巴拿山（Ba Na Hills）山地度假村原来

的游乐区里。过去这里是用于工人临时休息的场所。在“爱情花园”的总体规划中，这块土地起到重要的作用，不仅划分了空间结构，而且为整个环境营造了绿色的背景。

设计理念

如何能够兼顾工期要求与设计品质？设计师采取的策略是“混合式景观”。项目主持设计师决定采用“垂直 + 迷宫”的模式——当代景观设计的一种新潮流。于是便有了我们现在看到的这座名为“秘密花园”的迷宫式垂直花园。让这一设计理念显得与众不同的，是“经典风格”和“现代潮流”二者鲜明的对照；时间很紧，又要达到正常情况下需要花很长时间才能取得的效果；修剪的灌木体现的是人工之美，而热带森林的景观则尽显自然之美；虽然项目用地面积有限，却打造出一座大型的垂直花园。过去需要十年才能完成的景观，现在十天就完成了，效果可能还要更好。

用地开发与施工

可行性 | 框架结构：迷宫格局由许多标准模块构成，都是在工厂预制的模件，只需现场安装即可。因此，所有材料的尺寸都是按照这些模件来设计的，比如复合铝板和不锈钢等。

美观性——植被：考虑到巴拿山地区的气候和土壤条件，以及植物的供应情况，设计师选择了 25 种植被，都是能够经受严酷天气的品种。选择植物的原则是：

设计

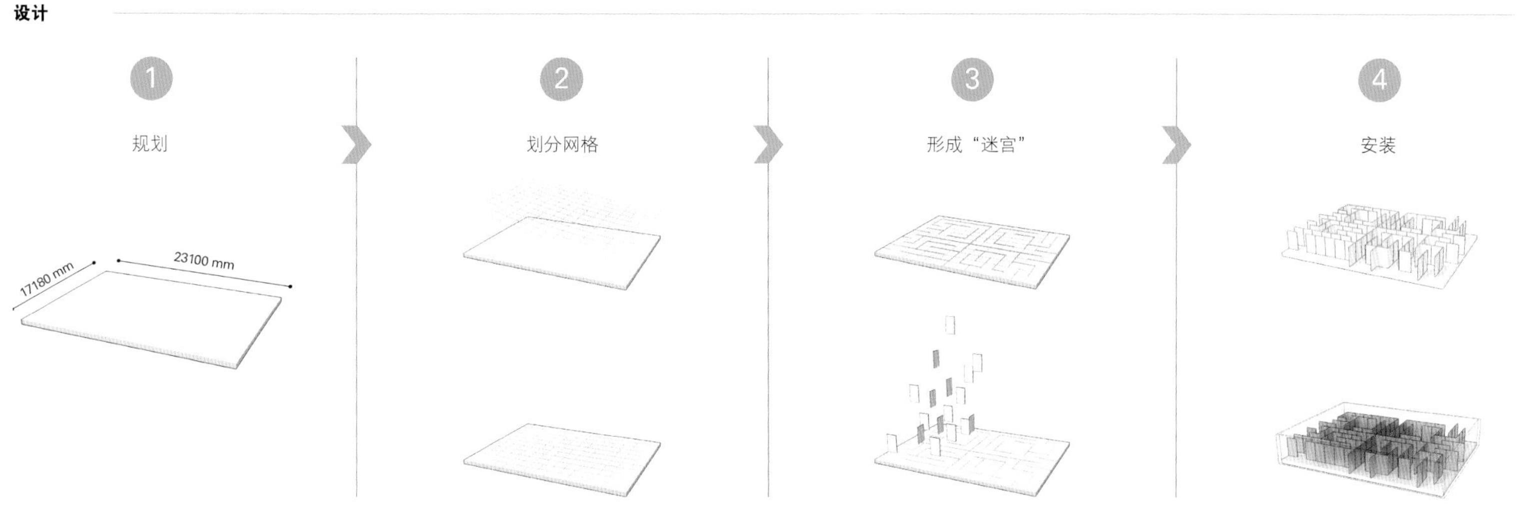

施工

1. 准备

2. 制作框架

3. 在框架上栽种

4. 划分网格，铺装地面

5. 安装绿色模块

6. 供水

7. 形成“迷宫”花园

强壮、经济且能够适应高山上的海拔，同时也要兼顾叶片和色彩的多样性。此外，植物的选择还要兼顾喜阴和喜阳植物、亲水和非亲水植物。植被的布局要考虑到光照条件，喜阴植物可以种植在大型喜阳植物下面。另外，保证工期的一个重要因素是采用标准化模块。整个项目共采用四种标准模块，可以随意组合，里面可以种植大量植物。

持久性——生产：模块结构必须采用 SUS304 型不锈钢制作，以便确保材料能够经受风雨的侵蚀。所有其他材料也是经久耐用的类型，适合山地的气候。外墙有混凝土框架结构，每个模件有混凝土底座，以免暴雨来临时受到损坏。

移动性——运输：模块结构的尺寸要方便卡车运输，不仅要考虑到卡车车厢的大小，而且还要确保模块堆叠稳固，中途不会倒塌。最后还要注意，每个模块的重量必须很轻，确保两到三个工人可以搬运并安装。

灵活性——网格：“秘密花园”采用 1.5 米 ×1.5 米规格的网格结构，网格之间为游客留出步行通道。共有六种标准化的方形网格，形成迷宫的格局。格局可以随意变换，满足各种使用需求。

可持续性——灌溉：所有的垂直模块都采用自动传感定时系统进行灌溉。地面铺装的设计能够让垂直花园上流下的水流回一个集水池，用于再利用。

项目成果

· 在车间内完成生产与种植（40 名工人；30 天工期）；

· 现场安装（8 名工人；3 天工期）；

· 垂直花园总面积：1,496.53 平方米（世界上最大的垂直花园）；

· 植物数量：44,800 株

现场施工共用十天，包括地基、围墙、照明、供水以及排水设施的建设。

面积虽小，却绿意盎然；一座迷宫式的垂直花园；世界上最大的垂直花园；森林一般的环境为各种休闲活动提供了完美的场所——这便是“迷宫”垂直花园。

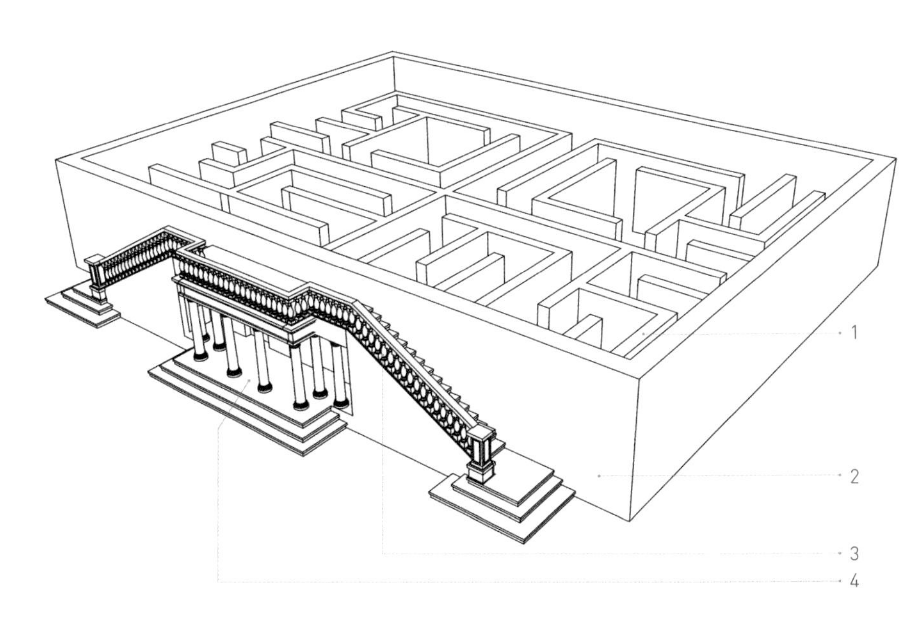

建筑结构三维示意图

1. 内部直立式垂直花园（高度：2.5 米）
2. 外部悬挂式垂直花园（高度：4 米）
3. 观景阳台
4. 入口和出口

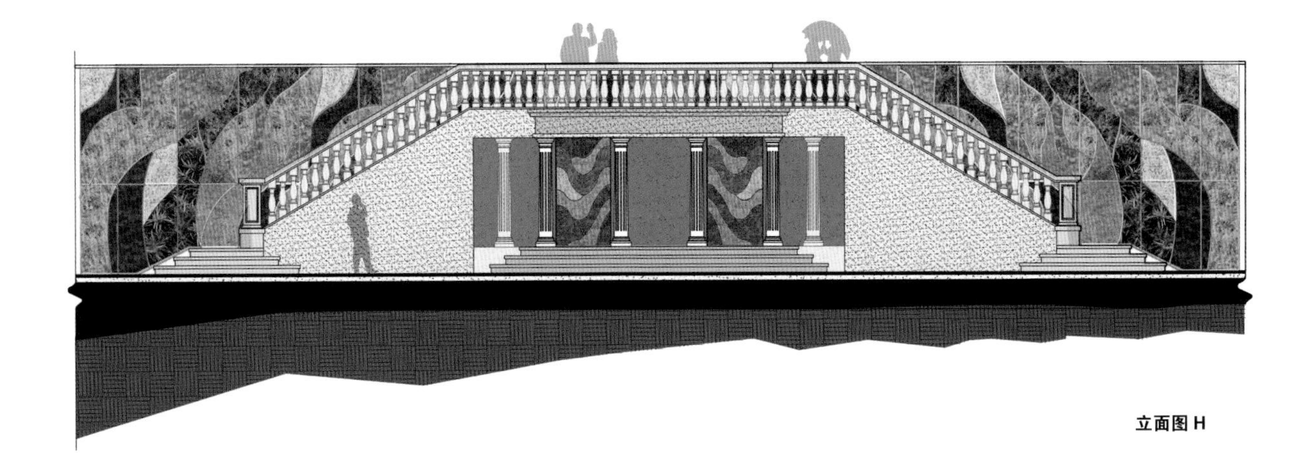

立面图 H

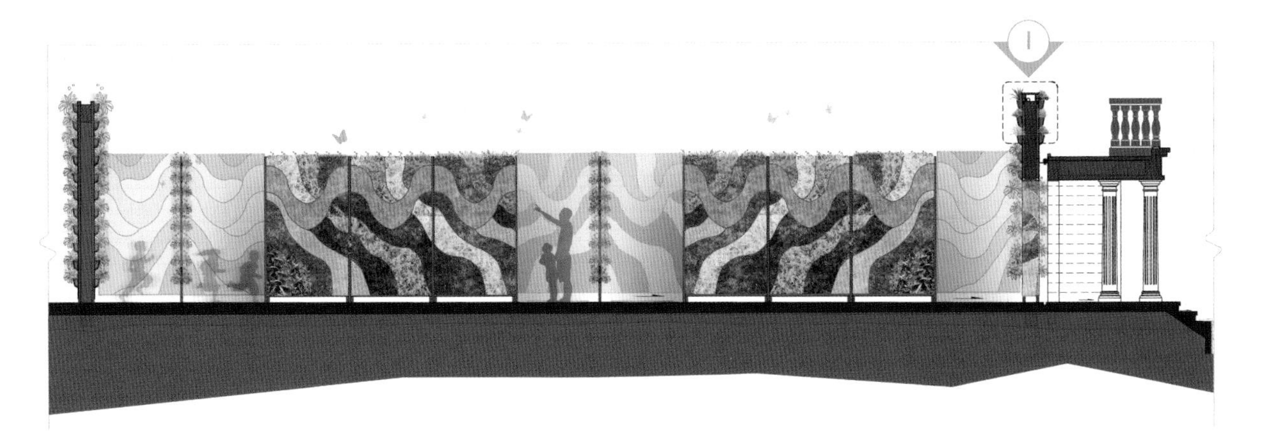

剖面图 G-G

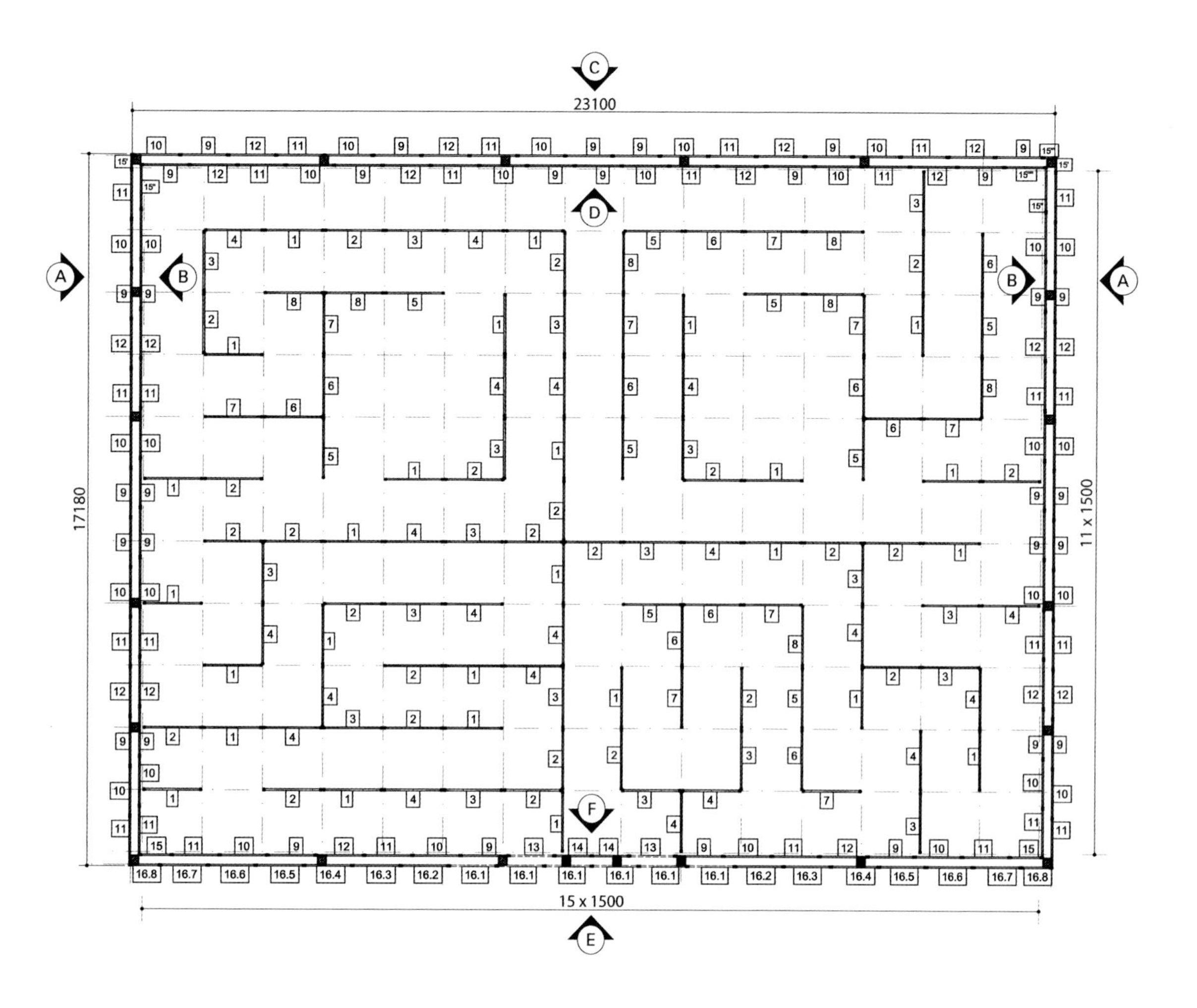

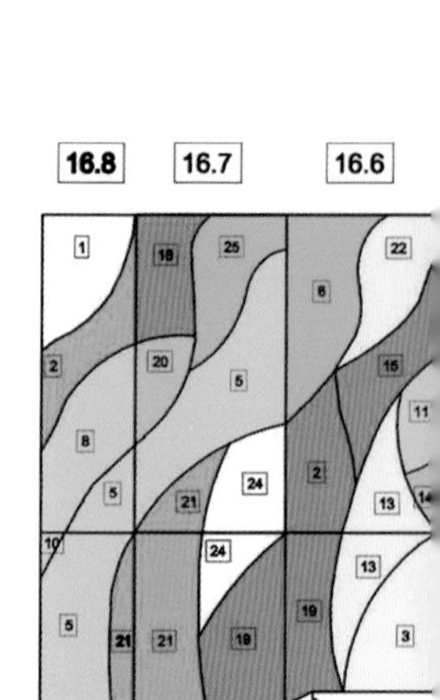

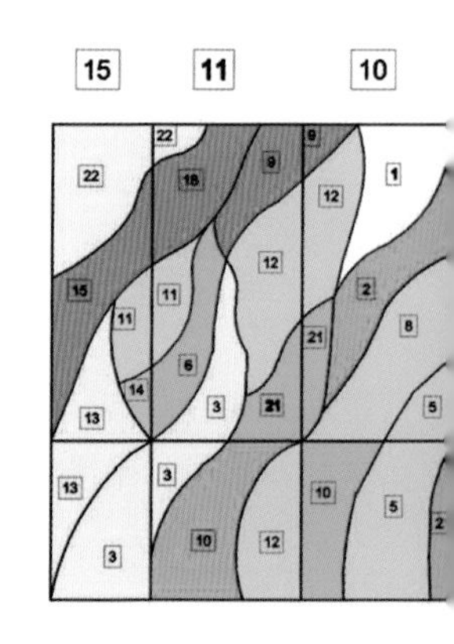

植物种类

1. 金丝沿阶草
2. 沿阶草
3. 金边露兜树
4. 细叶肾蕨（波斯顿肾蕨）
5. 鱼尾蕨
6. 肾蕨
7. 银脉凤尾蕨
8. 巴拿马草
9. 白鹤芋
10. 金露花“白矮人”
11. 中斑吊兰
12. 白贝母
13. 黄脉贝母
14. 雀巢蕨
15. 越南叶下珠
16. 翡翠宝石春雪芋
17. 裂叶喜林芋（羽叶蔓绿绒）
18. 小天使喜林芋（仙羽蔓绿绒）
19. 锯齿蔓绿绒
20. 喜林芋“橙之焰”
21. 窗孔龟背芋
22. 大叶黄金葛
23. 萎叶（春蒟叶）
24. 佛州星点木
25. 射干

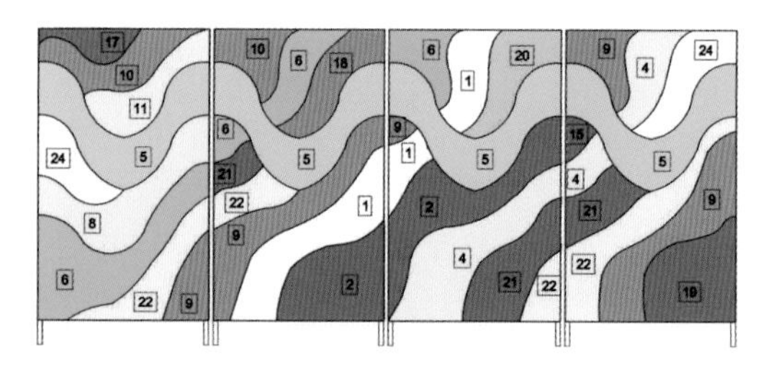

模块组成类型 1（1 ~ 8 型）

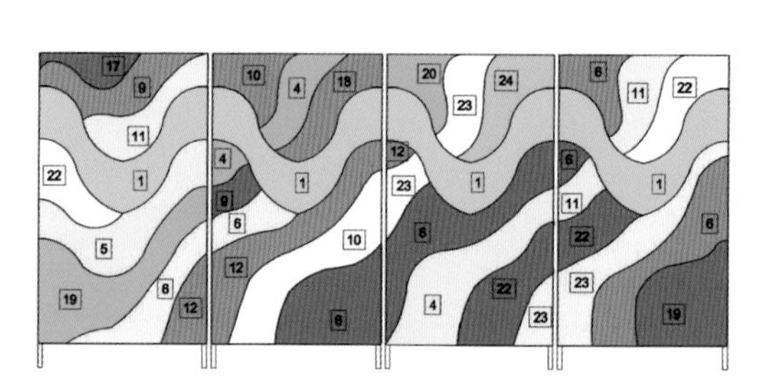

共计 126 个模块；规格（1 ~ 8 型）为 1460 毫米 ×2600 毫米

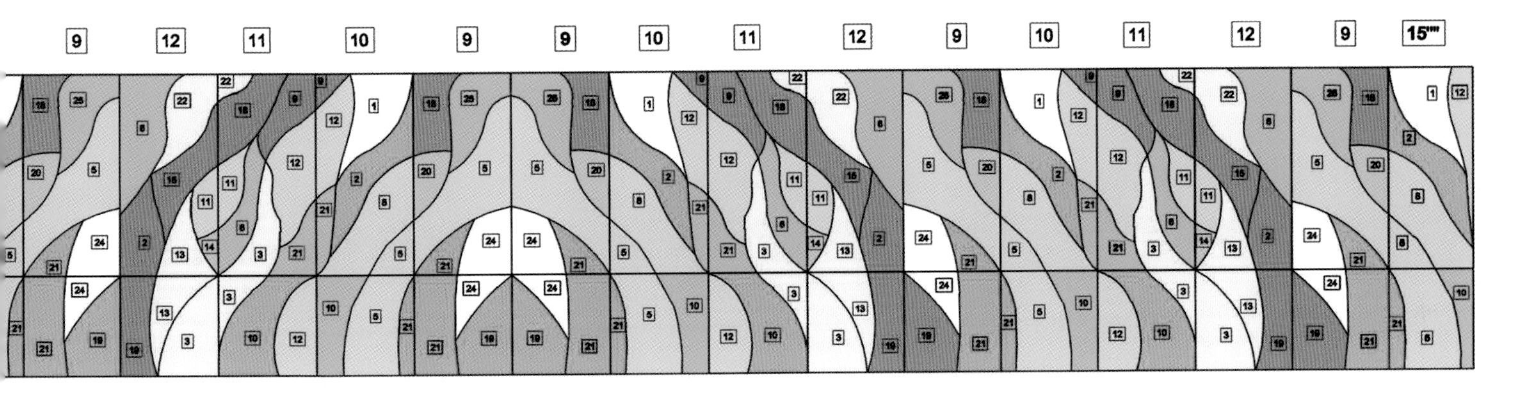

立面 A、B、C、D 植被基本布局图

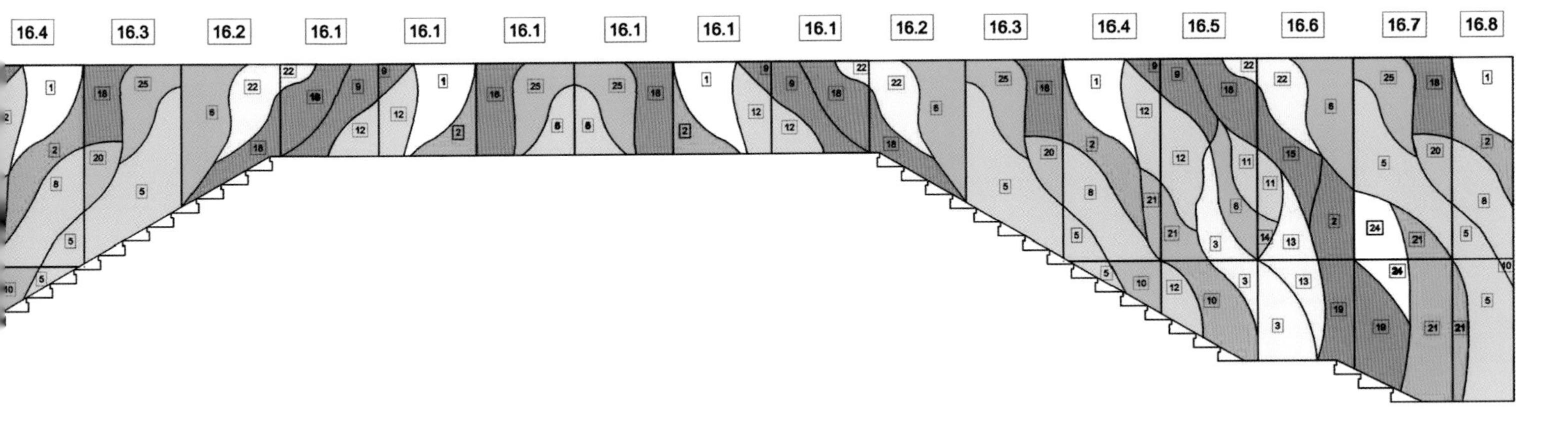

立面 E 植被布局图

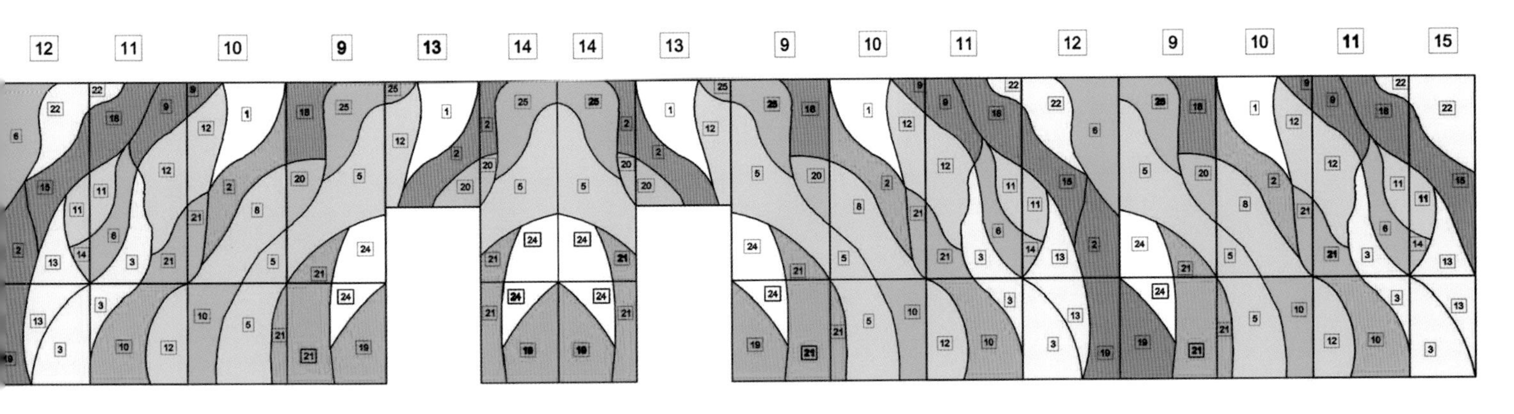

立面 F 植被布局图

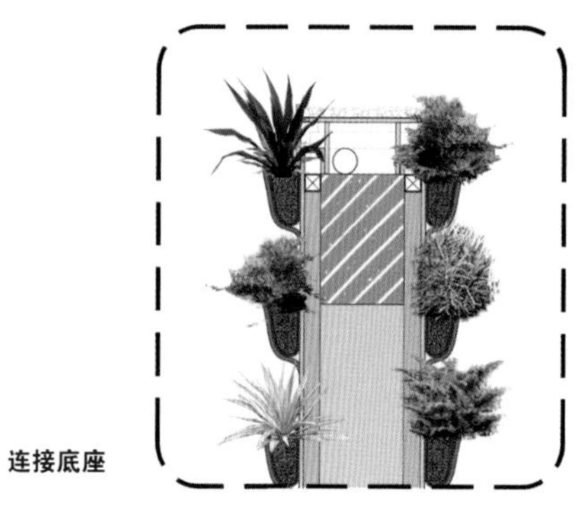

连接底座

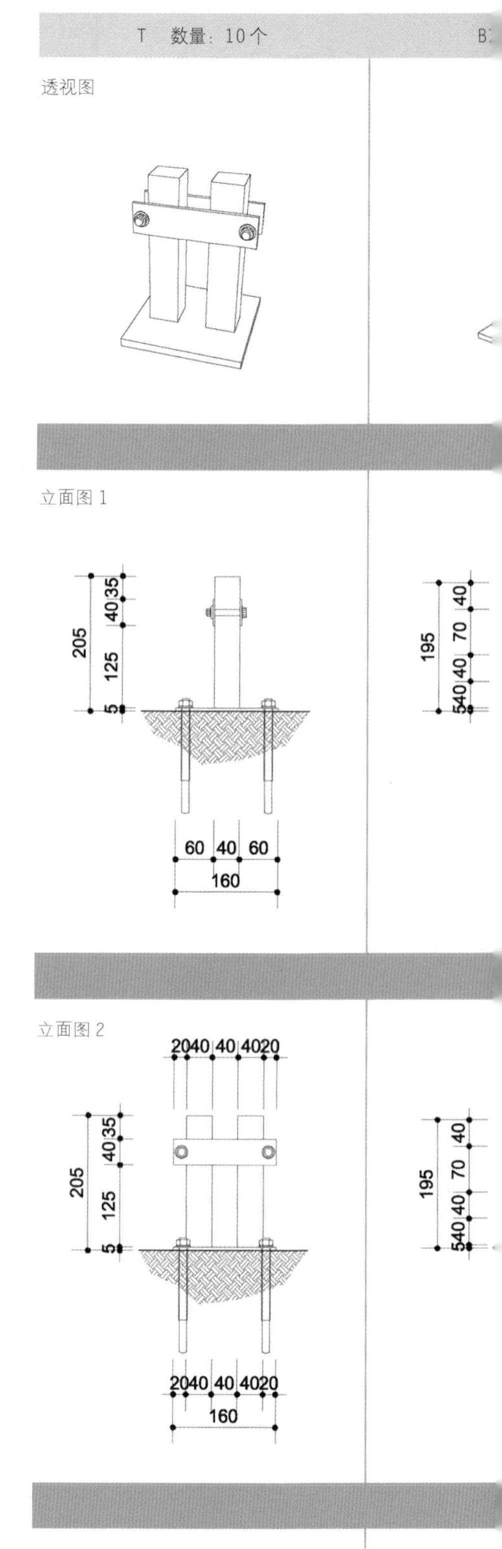

T 数量：10个
透视图
立面图 1
205
35
40
125
5
60 40 60
160
195
40
70
40
5 40
立面图 2
2040 40 4020
205
35
40
125
5
2040 40 4020
160
195
40
70
40
5 40

平面图

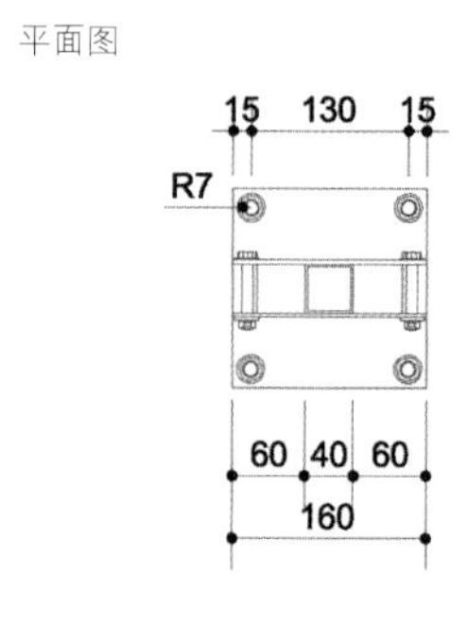

15 130 15
R7
60 40 60
160
R7

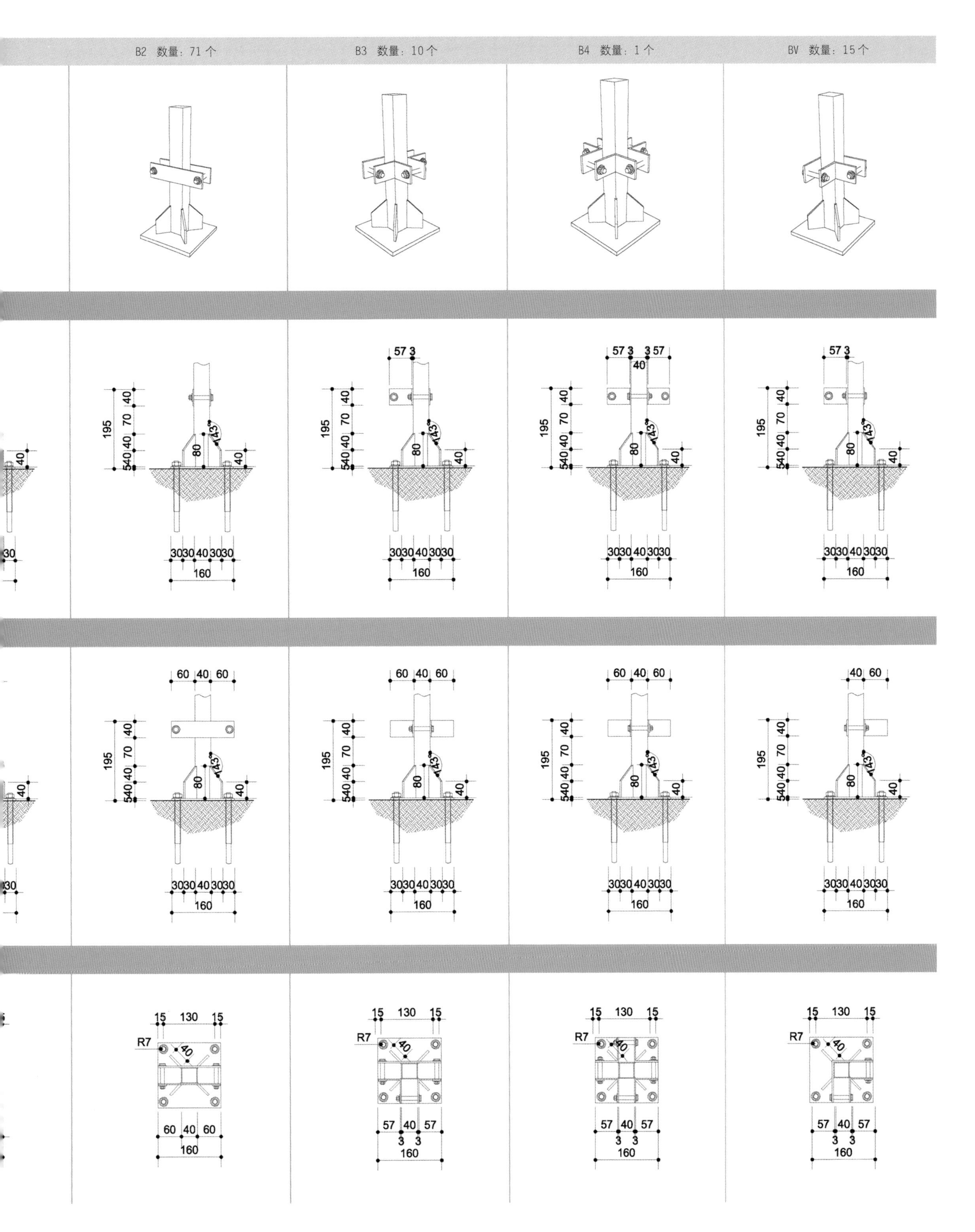

B2 数量：71 个
B3 数量：10 个
B4 数量：1 个
BV 数量：15 个

地点
澳大利亚，阿伯茨福德
面积
14 平方米
设计 & 施工
Fytogreen 设计公司

摄影
Fytogreen 设计公司
委托人
特里尼瑞地产集团

特里尼瑞公寓室内垂直花园

特里尼瑞服务型奢华公寓位于阿伯茨福德的维多利亚公园对面，亚拉河畔，距离斯塔德利公园仅有很短的路程。整个地区拥有丰富的内城景观、公园林地、河畔走道和跑步道。

Fytogreen 设计公司受委托将这些自然美景中的一部分带入建筑内部，以向这些历史遗产表达敬意。

绿墙的主墙是入口门厅的背景，门厅采用青石铺装，墙壁和天花板包覆着再利用的木材。玻璃大门为建筑带来了新与旧的强烈冲击感，而郁郁葱葱的绿墙则让这些建筑元素与该地区的自然美景紧密地联系起来。

分属于 9 个不同种类的 420 株植物在金属卤素灯的照射下欣欣向荣，在室内实现了光合作用。

所选的植物拥有多重质感，从柔软的蕨类、叶子细长的百合、叶片丰富的地被植物、亮叶的百合到蔓生喜林芋，丰富多彩。所有植物都呈现紧凑的造型，不会超出 30 厘米，保证了光线的充足。

绿墙设计利用自然生态学来处理微环境、光照可利用性和物种兼容性，保证了生态的可持续发展。除了设计和安装，Fytogreen 设计公司的维护团队还负责绿墙的维护工作，保证了绿墙的欣欣向荣和植物的健康生长。

1. 袖珍椰子

袖珍椰子是一种小型林下叶层棕榈，原生于雨林地区。细长的藤条状茎可达 1.8 米高。它有深绿色羽状叶片，叶轴呈苍白色，每根叶轴伸出 11 ~ 20 片羽叶，是最适合室内生长的棕榈类植物之一。它需要全阴至低室内光照，喜排水良好的均匀潮湿土壤。

2. 吊兰

吊兰是多年生草本植物，属百合科，喜阴，喜黏土和沙土，土壤最好为弱碱性壤质土。花朵呈白色，叶片呈斑驳色，高度 15 ~ 30 厘米，幅度 60 ~ 120 厘米。

3. 君子兰

君子兰是一种极好的室内开花植物，在极少或没有直接光照的环境中生长最好。它喜欢干燥的环境，只有在需要时才能浇水。

4. “绿金”绿萝

水分需求：中等水分需求，定期浇水，不要过量；高度：15 ~ 30 厘米；间距：30 ~ 38 厘米；日照：半阴；危险：植株的各个部分都有毒，不要误食，触碰植物可能会引起皮肤过敏。

5. 兔脚蕨

兔脚蕨原生于斐济，是一种常青蕨类，拥有多毛鳞状地表根状茎，通常生长在花盆的上面或外围。植物成熟后更吸引人，最好不要分盆，喜半阴和中度水分。

6. 皱叶椒草

皱叶椒草属胡椒科，外形紧凑，短茎上覆盖着心形叶片。叶片呈绿色，有时带有红色，叶脉呈深绿色，喜低光照至亮光照，不喜阳光直射，保持土壤潮湿，保持土壤的顶层在两次浇水间干燥，平均室温要求 18 ~ 24 摄氏度。

7. 心叶喜林芋

心叶喜林芋是一种常见的住宅植物，极易生长。有光泽的心形叶片先呈青铜色，然后迅速变绿。叶片通常为 5 ~ 10 厘米长，细长的茎可生长至 1.2 米以上。

8. 小白鹤芋

小白鹤芋以其紧凑、对称、浓密、向上呈拱形生长的习性为特色，相对较小，适合 10 ~ 15厘米的花盆。它生命力顽强，喜自由攀爬，叶片呈深绿色，自由开花，白色佛焰苞立于直立花梗之上，高出叶片，寿命较长。

地点

西班牙，阿里坎特

设计

安东尼奥·马奇·马特、安娜·莫拉·维托里亚

植物设计

派萨基斯摩·乌尔巴诺

摄影

拉斐尔·扎尔扎

奥托尼尔办公楼

奥托尼尔办公楼作为一个先进工业项目的一部分，一层和二层均为办公空间，本项目为建筑的外墙设计。建筑外部设计的目标是用一种独特的材质来凸显中央的垂直花园。设计师运用了15个品种共2500多株植物来完成设计，大多数植物为本地植物，以保证它们能在地中海气候中存活。绿墙能为公司带来相当大的益处，它能体现公司的社会责任感，向自然回馈自身所消耗的资源，同时也能吸引公众的注意力，起到额外的广告效应。

波浪形多孔板贯穿了整个外墙，这种材料的使用保证了充足的光线进入室内。白天，从外面看，整个建筑是一个巨大的空间，它通过完美的设计，将外墙中央的花园围绕起来。从建筑内部向外看，我们能看到铝制外墙是如何消失的。到了傍晚，自然光线渐暗，室内的人工照明增加，铝制外墙消散开来，展示出内部的结构。

在建筑主体已经建成，室内设计已经开始确定主要空间结构之际，项目设计决定在外墙之外再加一层，改

autodesguace
otoniel

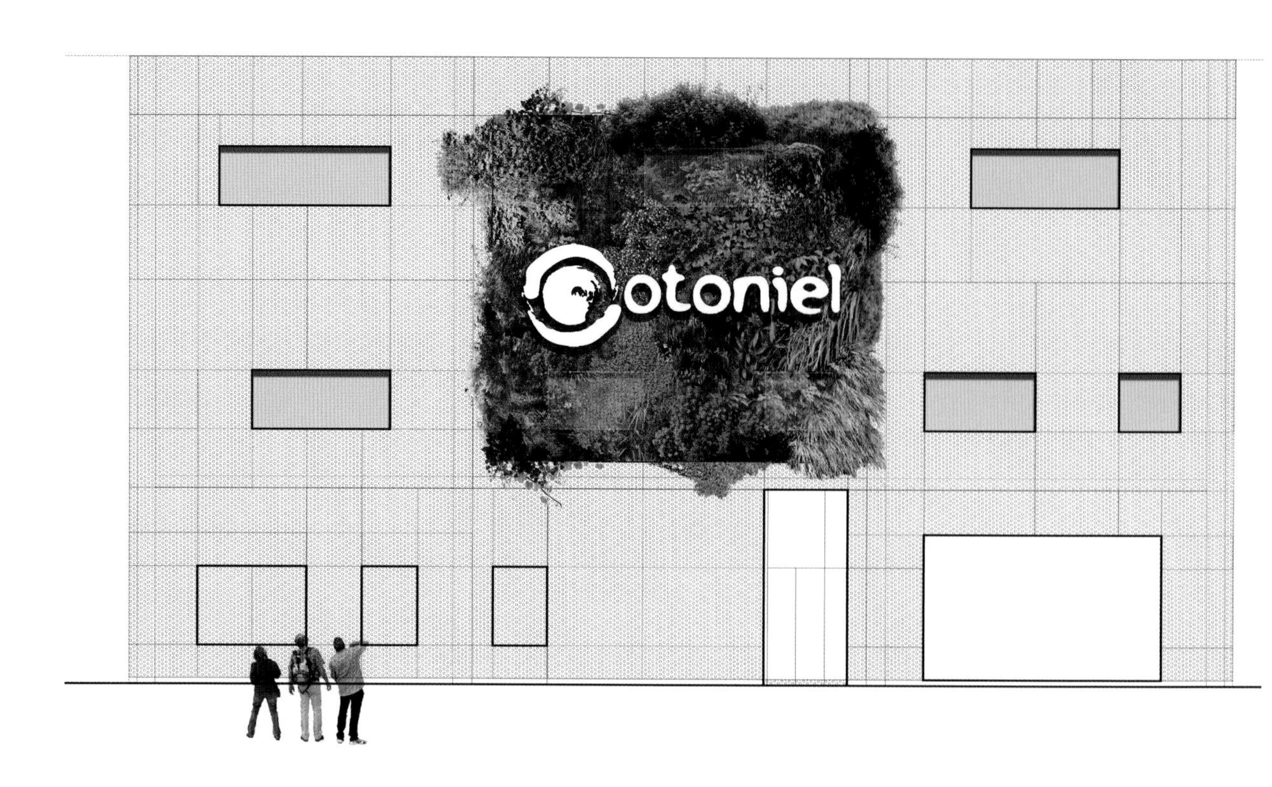
otoniel

变了室内布局。楼下的巨大吧台被分割开，是唯一的碎片结构。这一设计改善了建筑内部的其他空间，形成了一系列弧形空间，给人以不同的感觉。

绿墙细节图

1. 镀锌底层结构
2. 灌溉系统
3. 间隔为 1 米的横杆
4. 间隔为 40 厘米的垂直板条
5. 氨基塑料防水泡沫
6. 植物生成器
7. 植物
8. 排水系统

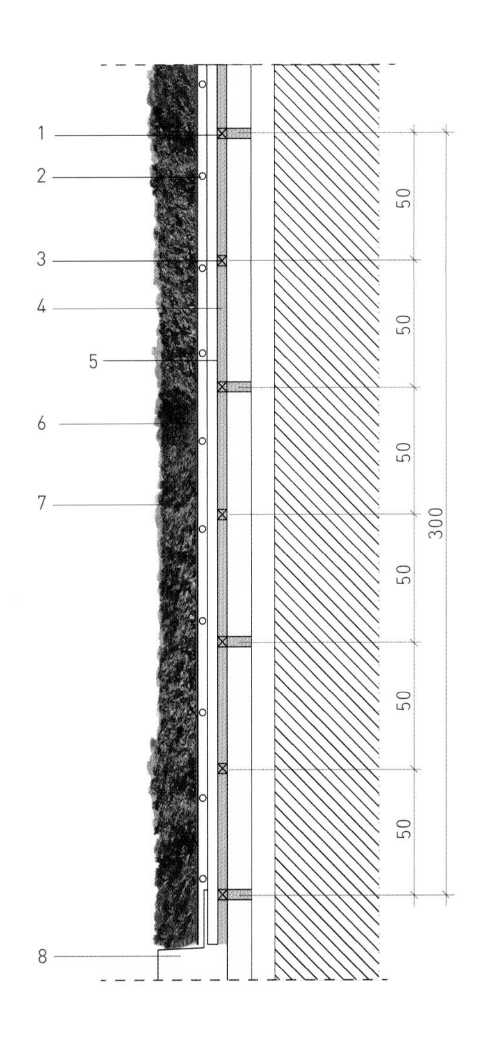

地点

意大利，罗马

面积

65 平方米

设计

verdp profilo 设计公司

摄影

费德里科·斯卡尔基利

贝尔德斯酒店

项目的挑战是为一座位于罗马市中心的历史建筑设计一个新外墙，使其既能与过去融合，又能呈现出新意。新建的建筑结构朝向思科皮尼大街，简单而纯粹。双层垂直花园的绿色覆盖层与旧墙面相连，但是与酒店客房分离，指出了新与旧之间的联系。

绿墙为一个双面的 65 平方米花园，由钢材支撑结构、5 毫米厚的面板和两层纤维织物构成，织物通过特别定制的小口袋安装在上面。灌溉系统被隐藏起来，通过小型管道来浇灌织物的水培系统。

植物的选择严格遵守了日照（主要是朝南）的规律，种植了约 4000 株植物，主要品种有：鼠耳草、锦叶露子花、欧百里香、紫矾根、柠檬矾根、萱草等。植栽设计由 verdp profilo 设计公司全权负责。随着季节的变化，植物为绿墙呈现出多样的色彩效果。此外，新的绿墙还能缓解热冲击和减少噪声。

BELDES HR

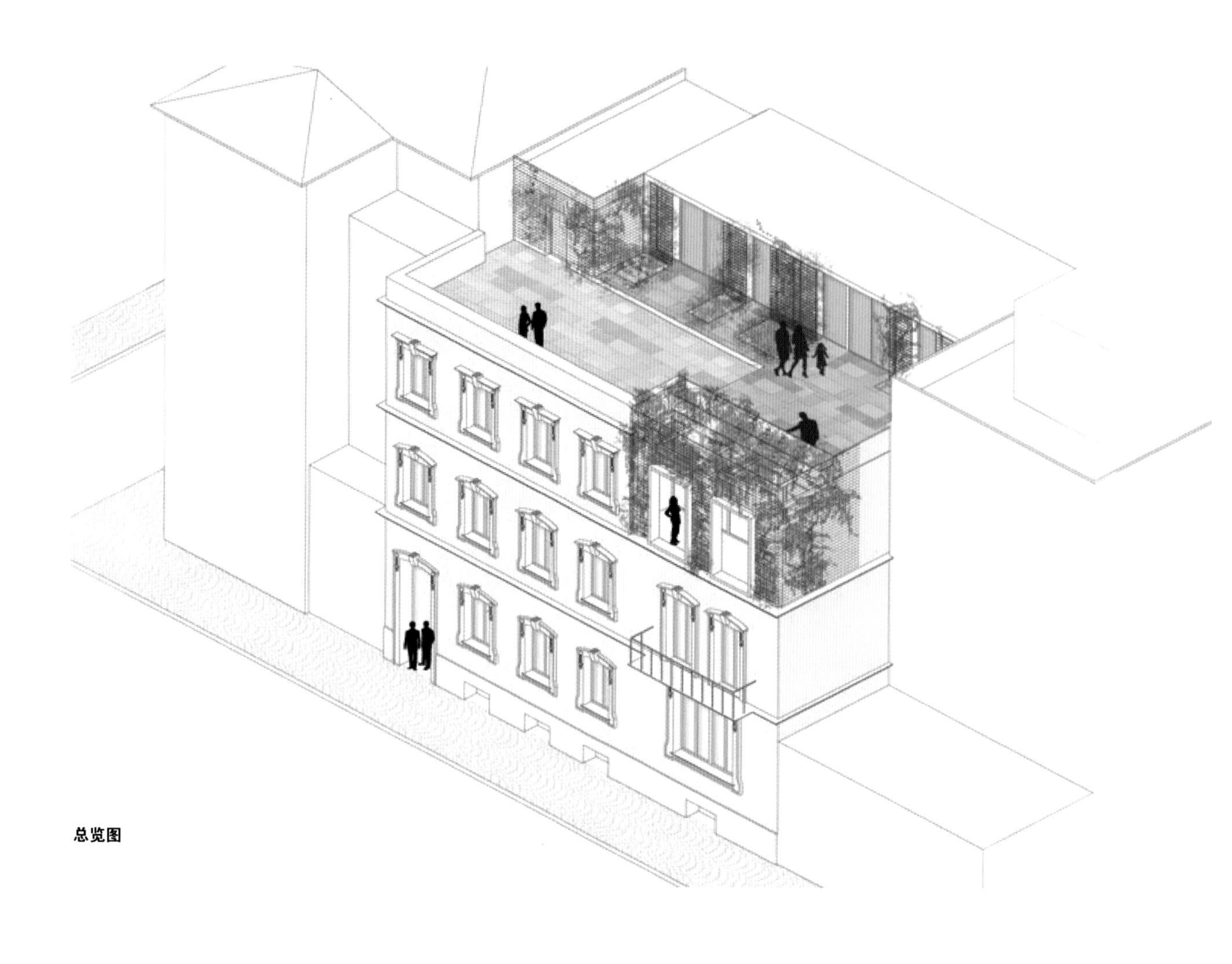
总览图

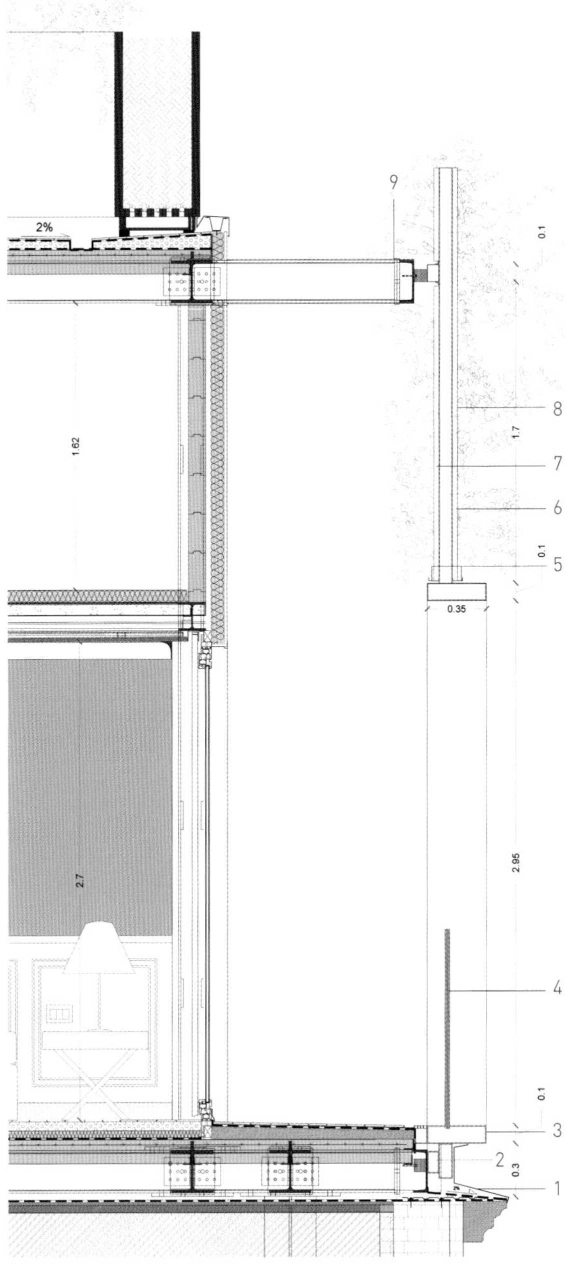

绿墙细节图

1. 镀锌金属盖片
2. 将绿墙固定在地面的金属结构
3. 用作窗框的白色金属盖片
4. 玻璃扶手
5. 输水管
6. 外部聚氯乙烯面板（用于固定植物）
7. 内部聚氯乙烯面板（用于固定植物）
8. 植物（紫矾根、非洲天门冬、肾蕨等）
9. 用于支撑绿墙的金属结构

1. 委陵菜

一种可爱的小型地毯植物，适合生长在石板间或岩石花园里。单层的黄色小花依偎在常青绿叶之间，在晚春开花。它几乎不需要养护，但需要良好的排水。

2. 绿矾根

日照：半阴或全阴；土壤类型：正常或沙性；土壤酸碱值：中性、碱性或酸性；土壤湿度：中度或潮湿；养护级别：简单；花色：白色；叶色：紫黑色、银色、杂色；花头尺寸：大；高度：25 ~ 70 厘米；幅度：45 ~ 60 厘米。

3. 紫矾根

日照：全日照或半阴；土壤类型：正常或沙性；土壤酸碱值：中性、碱性或酸性；土壤湿度：中度或潮湿；养护级别：简单；花色：白色；叶色：紫色、黑色、银色；花头尺寸：小；高度：25 ~ 30 厘米；幅度：60 ~ 70 厘米。

4. 欧百里香

欧百里香是一种多毛的匍匐爬藤多年生木本植物，主要作为装饰性地被植物种植。它喜阳，喜干燥至中性的土壤，极少需要养护。

5. 鼠耳草

鼠耳草是一种生命期短、生长缓慢的地毯形多年生草本植物，通常在阳光下成簇生长。它在干燥、沙质、排水良好的土壤中生长良好，喜全日照，能忍受各种土壤，但是不能忍受不良的排水。

6. 薜荔

薜荔是一种生命力完全、生长迅速的常青爬藤类植物。适合种植在明亮且无阳光直射或半阴的室内，避免午后阳光暴晒，在生长季定期浇水，避免过量。在秋季至深冬减少浇水次数，定期修剪。

7. 麦冬

麦冬是多年生草本常青植物，可在半阴处生长，但也是向阳植物。它们喜欢水分，但是如果在半阴处种植，也能忍耐相对干燥的环境，但是排水良好的土壤是必要条件。

8. 安吉丽娜景天

安吉丽娜景天是一个黄叶景天品种，以长而尖的黄色叶片（可长至 25 厘米长）和姜棕色叶尖为特色，以观叶为主。它喜欢全日照和干燥的土壤，极少需要养护。

9. 斑叶景天

这一品种比其他品种更加紧凑，叶片带有奶白色的边缘。在晚春至夏季，它的星状黄花从粉色花苞中开放，成熟时呈深红色。它只能长至 10 厘米高，30 厘米宽，喜全日照和适度肥沃、排水良好的土壤。

10. 锦叶露子花

锦叶露子花原生于南非，喜干燥、排水迅速的土壤和全日照，在排水不良的土壤中无法生长。它能忍受中度至贫瘠的土壤，包括沙土和砾土。在生长季少量浇水。植物耐热、耐旱。

11. 萱草

萱草极易生长，是一种耐旱多年生植物，喜半日照至全日照，高度在 15 ~ 60 厘米之间，宽度为 30 ~ 90 厘米。

12. 非洲天门冬

非洲天门冬以其浓密的蕨状叶片为特色，成熟时可长至 30 ~ 90 厘米高，90 ~ 120 厘米宽。它生长的温度范围较广，不需要高湿度，易于修剪，在排水良好的泥炭状盆栽混合土中生长最好。在春季至秋季定期浇水。

13. 肾蕨

锯齿状剑形复叶从短而粗壮的多毛叶茎中长出。植物能长至 60 ~ 90 厘米高。叶片背面的孢子清晰可见，但是主要通过匍匐根繁殖。它比大多数蕨类更耐旱、耐贫瘠土壤，在阴凉处生长最好，但是如果有充足的水分也能耐光。

14. 富贵草

富贵草是一种灌木质常青地被植物，可长至 20 ~ 30 厘米高，通过根状茎伸展，叶片繁茂，呈深绿色。植物在斑驳的阳光下生长最好，应避免过度浇水，应定期修剪以保证空气流通，特别是当植物有叶枯病时。

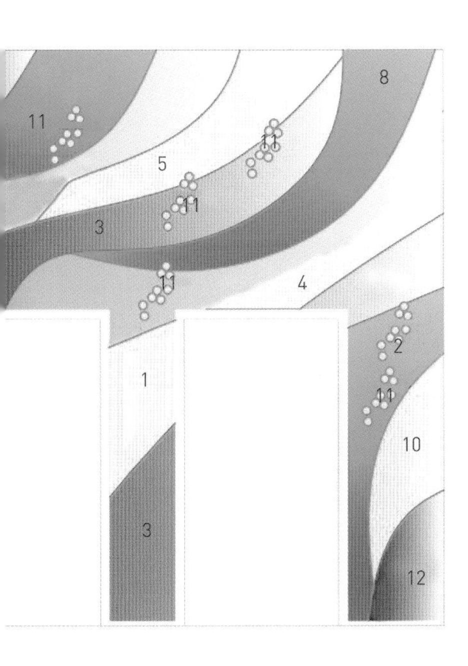

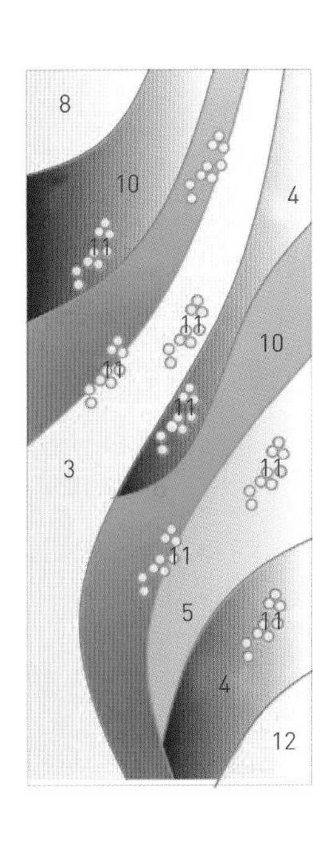

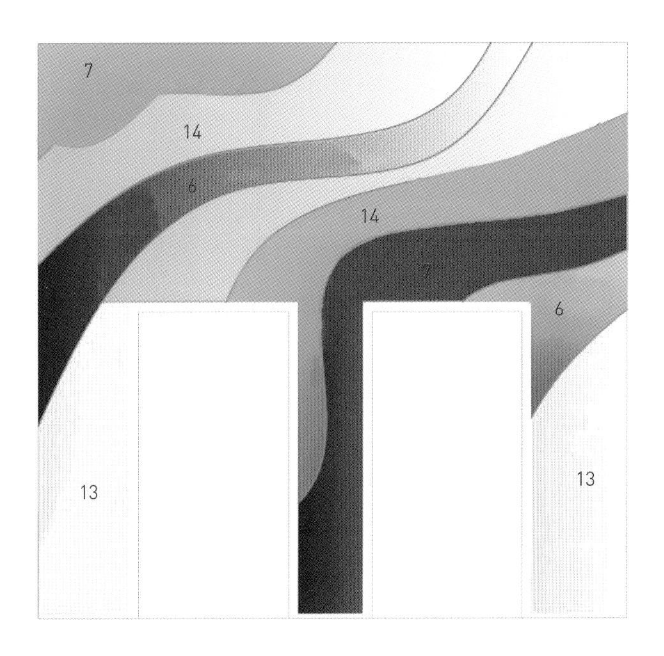

地点

中国，香港

设计

ONE 景观公司

绿墙顾问

Strongly 国际公司

摄影

詹森·芬德利

中央舞台空中花园

项目要求翻新原有的屋顶花园，使其成为一个既能作为私密的休闲空间又能娱乐宾客的绿意空间。ONE 景观与 ARCHASIA 建筑事务所紧密合作，共同打造了一个简约、时尚的现代空间。ONE 的设计有两个主要特征，其中之一便是绿墙。为了满足委托人增添绿意又不能减少灵活空间的要求，ONE 设计了一面巨大的绿墙。绿墙不仅为空间增加了绿植，还为休息区营造出一个绿色而柔和的背景，让宾客们能远眺维多利亚港的壮丽景色。这面身处 46 层楼的绿墙也是全香港最高的绿墙。为了保证绿色设计能与原有墙壁完美融合，ONE 与绿墙设计顾问 Strongly 国际公司展开了密切的合作。在设计过程中，一个主要的考量就是植物的选择。由于绿墙位于 46 楼，设计团队不得不选择一些耐旱、抗风的植物品种。

绿墙就像一幅亮丽的画卷，两侧是纹理丰富的石墙。植物在叶形和色彩上丰富多样，同时又生命力顽强，为休闲区提供了合适的背景。照明的设计同样重要，它既要凸出叶片的纹理和造型，又不能形成眩光。

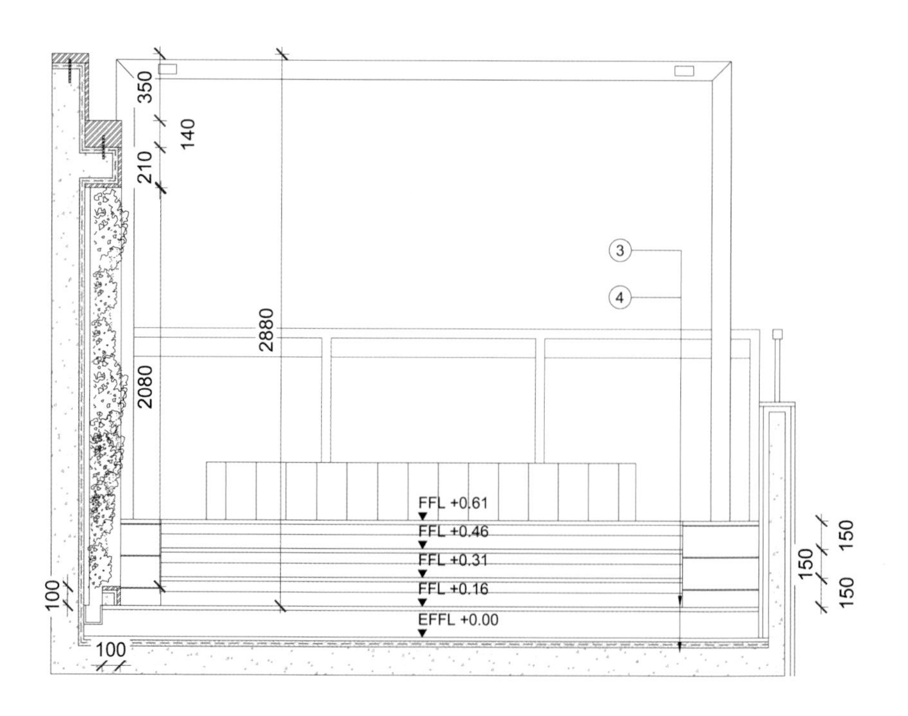
350
140
210
2880
2080
3
4
FFL +0.61
FFL +0.46
FFL +0.31
FFL +0.16
EFFL +0.00
100
100
150
150
150

剖面图

细节图

1. 灌溉系统
2. 墙上插座
3. 自攻螺丝
4. 40 毫米 x 200 毫米 x 3 毫米铝制空心管
5. 绿色植物
6. 水解蛋白网
7. 纤维垫
8. 过滤器
9. 水解蛋白泡沫
10. 12 毫米厚聚氯乙烯轻质板
11. 防水膜

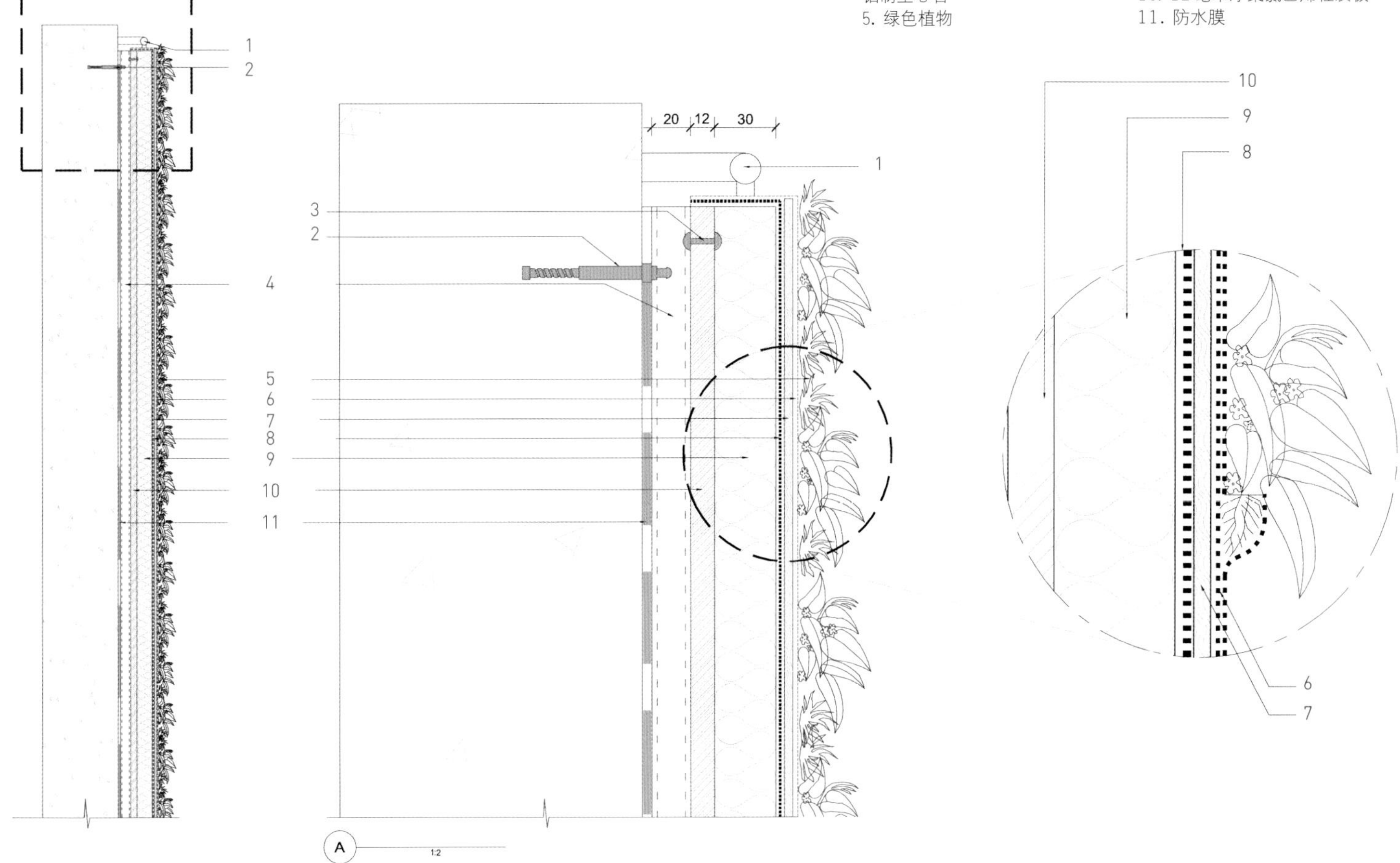

1. 亚马逊海芋

亚马逊海芋有巨大的箭形叶片，可长至60厘米长，30厘米宽。叶片呈深绿色，与白色的叶脉和扇形边缘对比鲜明，黄绿色船状花朵在春夏开花，但是并不明显，尤其是在室内盆栽中。

2. 金卡佩里亚鹅掌柴

鹅掌柴是一种中型至大型常青灌木，原生于台湾的亚热带森林。"金卡佩里亚"品种的绿色亮叶有奶黄色的大理石纹样。它喜潮湿环境，半阳至半阴，喜肥沃、排水良好的土壤。一旦成熟，能忍受适度干旱和阳光，在修剪后能快速复原。

地点
澳大利亚，南布里斯班

设计 & 安装
Fytogreen 设计公司

委托人
阿利亚地产集团

建筑师
RLW 建筑事务所

项目施工
PBS 建筑公司

波塔尼卡公寓垂直花园

Fytogreen 设计公司近期在南布里斯班的波塔尼卡公寓完成了 3 个极好的垂直花园项目。Fytogreen 在公寓的临街墙壁安装了两面绿墙。第一面绿墙遮蔽着停车场墙面，从 4 米高的车道入口一直延伸到 20 米高处。第二面绿墙位于朝南临街外墙的西端。第三面绿墙设在室内的主入口处，与门厅的室内设计相得益彰。绿墙以热带植物为主，共有 54 个品种，9650 株植物。

Fytogreen 不仅设计了绿墙，还对相关的所有方面进行了安装，包括防水、排水、外围装饰和数控报警施肥系统。

两面室外绿墙的安装从防水到完工共耗时 16 个工作日，室内绿墙则耗时 3 个工作日。两面室外绿墙的安装使用了 18 米高的剪刀式升降机、85 英尺关节吊杆和 30 米高的吊车。Fytogreen 共使用 3 名永久员工和 3 名临时员工来安装这 3 个垂直花园。

所有绿墙都采用单一的数控施肥单元来实现墙面不同位置的独立灌溉。在墙面的供水或供电关闭时，该系统会发出警报，让养护人员可以通过智能手机或电脑

随时及时的调整程序，应对紧急情况或异常天气。

植物种植板事先进行了预种植，然后通过专业物流和快运公司运往场地。这种方式使植物的损失率极低，而特别设计的覆盖保护层能保护植株不受损害，满足了委托人所提出的可持续发展的长期花园需求。

植物的养护每月进行一次，包含室外绿墙地面处的目视检查、养分和重制版测试、害虫和疾病诊断与处理，以及室内墙壁的登梯养护。

外墙的高处检查每年实施 4 次，西墙用绳索进行检查，东墙则利用 30 米高的吊车检查。

郁郁葱葱的绿墙吸引了众多的目光和注意，证明了高处的建筑墙面也能实施垂直绿化。Fytogreen 拥有系统、技术和经验来实施此类可持续花园。这不仅体现在阿利亚集团的 3 面绿墙设计中，还体现在他们在昆士兰州东南部的其他 4 处项目。

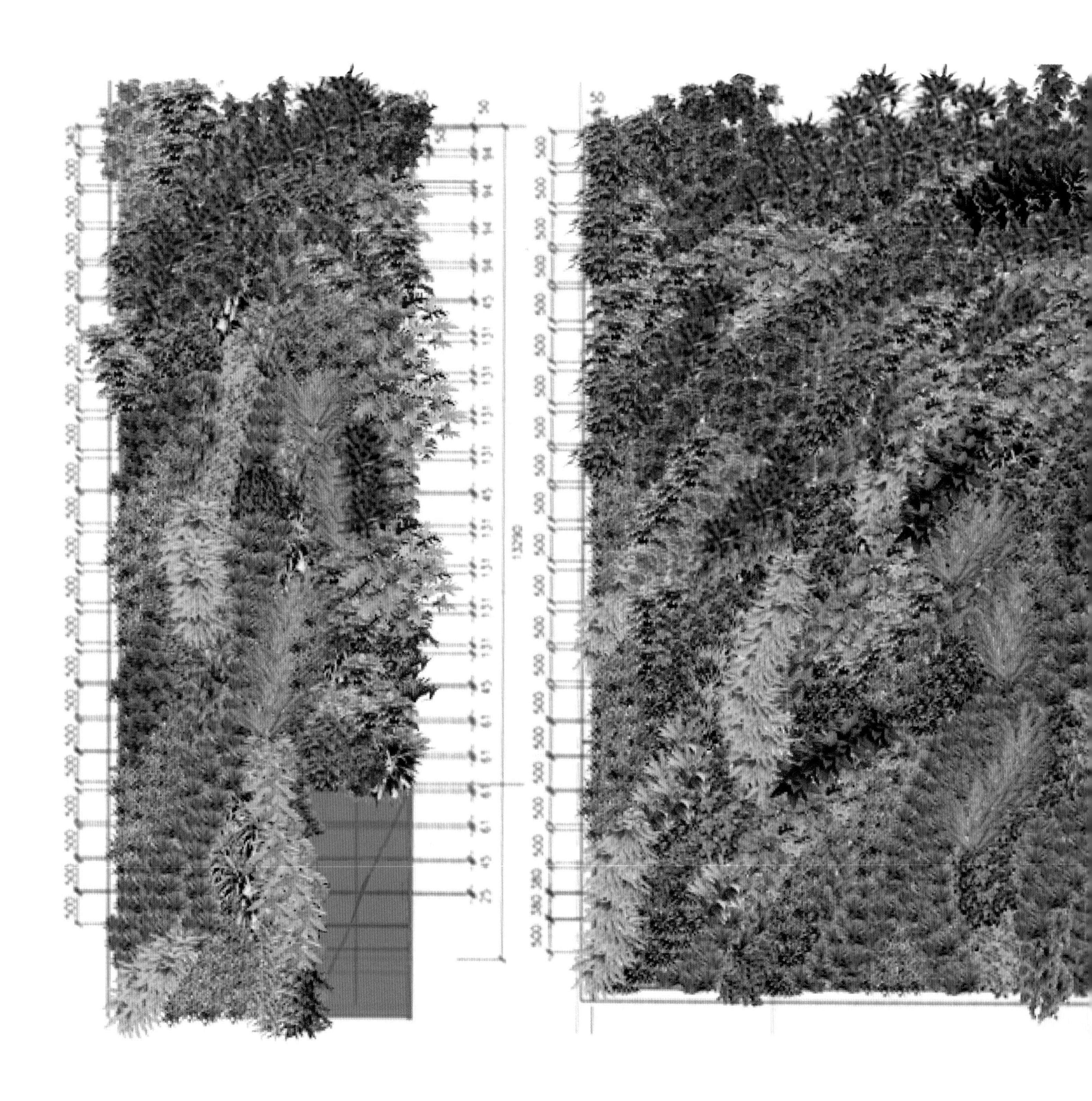

绿墙植物

南洋巢蕨
非洲天门冬
附生凤梨
长茎芒毛苣苔
弯曲酒瓶兰
水塔花
巴西朱蕉
吊兰
青朱蕉
细叶金鱼花
兰花
大明石斛
澳洲石斛
脚蕨
小豆蕨
美洲石斛

长叶榕
垂叶榕
垂叶榕（杂色）
弹叶榕（酒红色）
细叶榕“绿岛”
小叶榕“佛肚嫁接”
多肉球兰
短柔毛萼球兰
圆盖阴石蕨
宫灯长寿花
铁心木“大溪地”
绒毛大沙叶铁心木“达勒斯”
圆叶铁心木
新西兰圣诞树“娜娜”
彩叶凤梨
肾蕨“达菲”
彩叶凤梨“火球”
巴西鸢尾
袋鼠花

巢凤梨
热带袋鼠花
小叶喜林芋
澳洲常春藤
喜林芋“刚果”
喜林芋“刚果红”
琴叶喜林芋
鹿角蕨
剑叶龙血树
春羽蔓绿绒“紧凑型”
喜林芋“仙境”
炮竹红
丝苇
紫背万年青
筒枝丝苇
鹅掌柴（绿色）
鹅掌柴（杂色）
伞叶鹅掌柴
蟹爪兰
丽穗凤梨

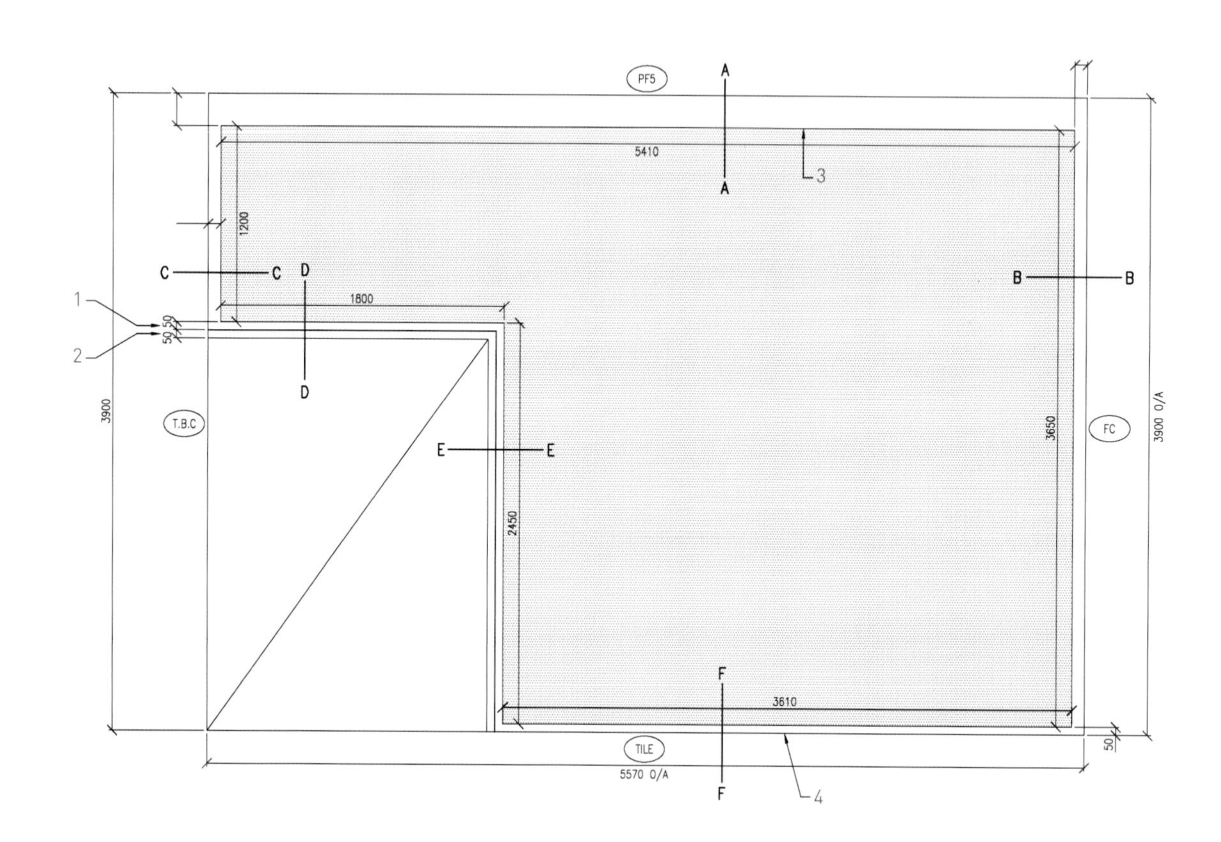

室内绿墙立面图

1. 间断带
2. 门外框
3. 绿墙的最边缘
4. 排水槽

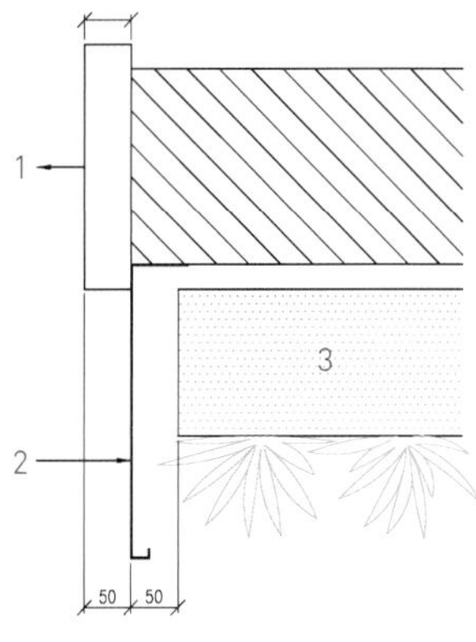

剖面图 E–E

1. 入口
2. 盖板
3. 绿墙面板

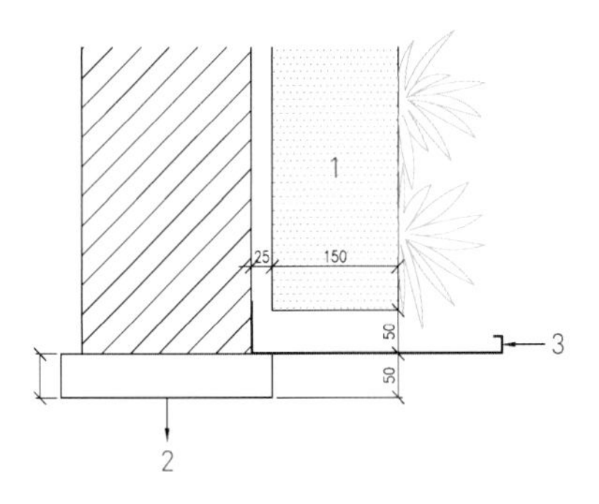

剖面图 D–D

1. 绿墙面板
2. 入口
3. 盖板

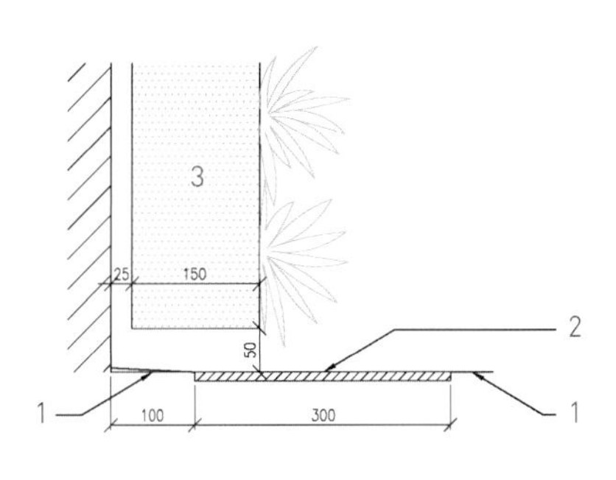

剖面图 F–F

1. 地砖
2. 地面条状排水沟
3. 绿墙面板

项目地点

波兰，华沙

景观设计

FAAB 建筑事务所

绿墙面积

260 平方米

摄影

FAAB 建筑事务所 / 巴罗梅·桑科夫斯基（Bart omiej Senkowski）

波兰科学基金会总部

波兰科学基金会（FNP）总部大楼堪称一座垂直花园，绿色植物覆盖了整栋大楼的正面和侧面，让建筑和周围的景观融为一体。在公众眼里，这栋大楼已然成为景观环境的一部分。绿色的外立面模糊了建筑与自然之间的界线。

在波兰 FAAB 建筑事务所（FAAB Architektura）的设计中，在这栋大楼的外立面上，混凝土邂逅了植被。茂盛的植物柔和了建筑的棱角，与光滑的浅灰色混凝土板材形成鲜明对照。立体效果的绿墙大大丰富了外立面的形象。而且，三维的效果随着时间流逝和植被生长而常换常新。年复一年，整栋大楼的面貌也会不断改变。

历史背景

这栋建筑位于莫克托夫区（Mokot ó w）的维日布诺（Wierzbno）。莫克托夫区是华沙的核心城区之一，20 世纪 30 年代由农田逐渐开发而来。这栋建筑四周散布着很多别墅，掩映在周围的绿色景观环境中。这

里最初是一片低矮的住房，但在二战中遭遇轰炸，损毁严重，建筑正面几乎完全毁坏了，内部各个楼层的天花也都受到破坏。没被炸毁的部分也在接下来的大火中付之一炬。战后，由于损毁情况实在严重，这栋建筑一度面临彻底拆毁的命运。然而，由于华沙遭到严重破坏（这座城市失去了 72% 的住宅楼），拆毁的决议又废除了，最终决定进行修复。由于当时缺乏质量好的材料，修复工程进行得马马虎虎，大楼的原貌并没有得到恢复。

遗迹保护

华沙遗迹保护办公室负责这栋大楼的保护，主要包括整体楼体以及开窗的布局。阁楼在正立面上所占的比例也是遗迹保护办公室所关注的重点。地方政府办公室下达的施工条文不允许建筑的占地面积有所扩大。这些条文还规定了新的设计方案必须与原建筑特点相符合，尤其是立面上的韵律和对称。

节能环保

这栋建筑安装了一系列低能耗的节能装置。电气系统采用了节能组件，能够控制实时电力使用情况。这些设计都有助于降低建筑的用电需求，减轻市政电力网的压力，确保未来的可持续发展。

生态特色

绿墙构成了这栋建筑的生态特色，不仅改善了建筑的

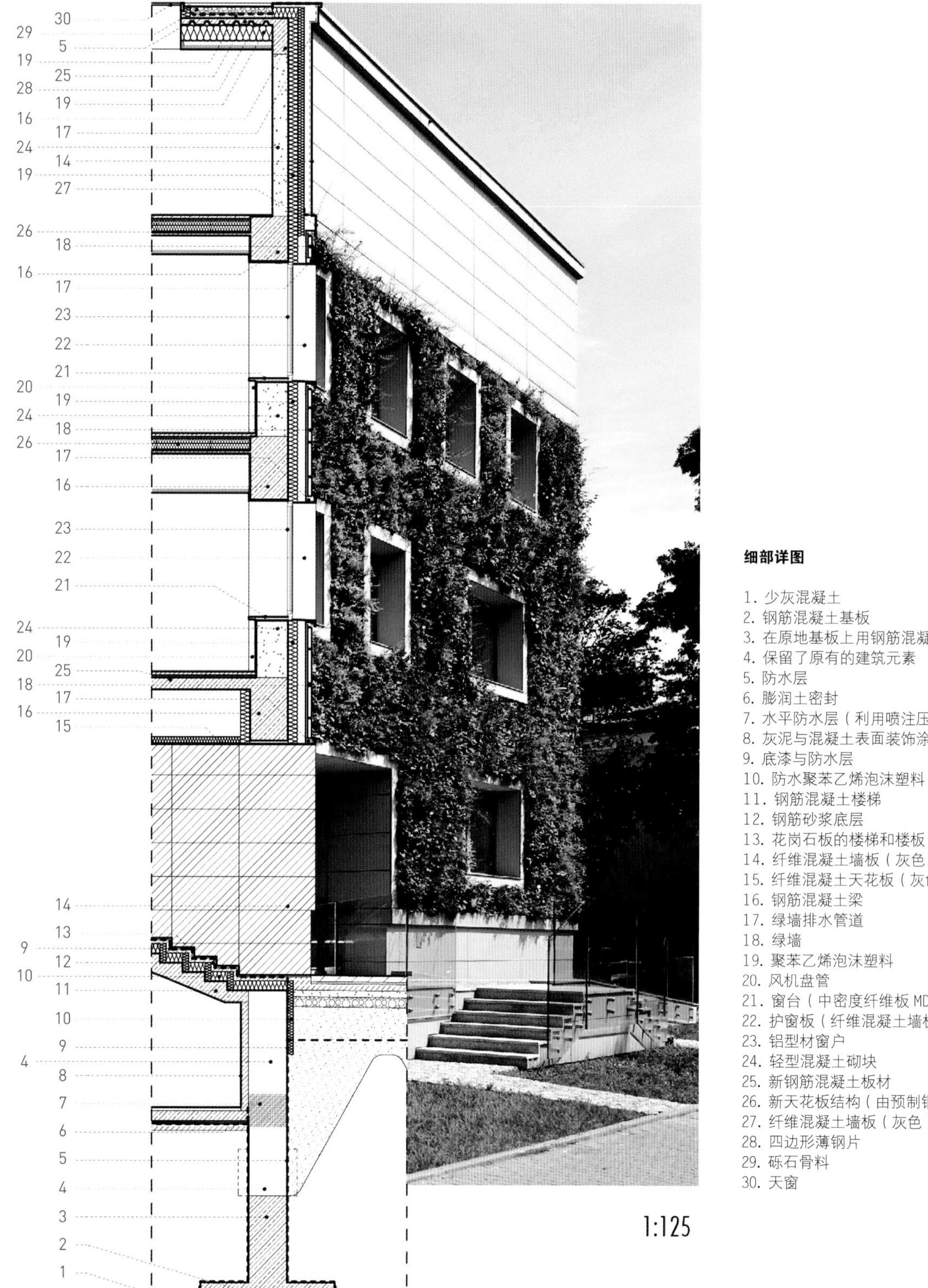

1:125

细部详图

1. 少灰混凝土
2. 钢筋混凝土基板
3. 在原地基板上用钢筋混凝土衬砌
4. 保留了原有的建筑元素
5. 防水层
6. 膨润土密封
7. 水平防水层（利用喷注压力安装）
8. 灰泥与混凝土表面装饰涂层
9. 底漆与防水层
10. 防水聚苯乙烯泡沫塑料
11. 钢筋混凝土楼梯
12. 钢筋砂浆底层
13. 花岗石板的楼梯和楼板
14. 纤维混凝土墙板（灰色）
15. 纤维混凝土天花板（灰色）
16. 钢筋混凝土梁
17. 绿墙排水管道
18. 绿墙
19. 聚苯乙烯泡沫塑料
20. 风机盘管
21. 窗台（中密度纤维板 MDF）
22. 护窗板（纤维混凝土墙板，黑色）
23. 铝型材窗户
24. 轻型混凝土砌块
25. 新钢筋混凝土板材
26. 新天花板结构（由预制钢筋混凝土板材制成）
27. 纤维混凝土墙板（灰色）
28. 四边形薄钢片
29. 砾石骨料
30. 天窗

能量平衡，而且在室内形成了良好的“微气候”。建筑正面和侧面的绿墙面积共有260平方米。这是波兰乃至欧洲这一地区的唯一一个户外垂直花园。

绿墙上共采用20种不同的植物，有些是一年四季常绿的植物，用作背景，有些在温暖的季节能开花。绿色植物以及观赏性的红色果实将在冬季为建筑增添一抹亮色。植被的布局咨询了建筑师，预计在植被的第三个生长周期结束时——也就是2016年9月——能呈现出几何图形的设计效果。

绿墙采用了特殊的灌溉系统，通过安装在混凝土板材上的一系列传感器为植物供给水源和必需的养分。根据收集到的信息，绿墙能够实现自动灌溉和施肥。这是个实时自动控制的过程，也能在线操控。

绿墙由种植模块组成，模块安装在一层独特的垫子上，所用材料类似于矿物棉。对绿墙上的植物来说，这层垫子就相当于土壤，给植物适当的保护。同时，垫子也能保护植物根系，使其免于暴露在严酷多变的天气下——这一地区的气候条件基本上以严酷为主。轻型种植模块安装在不锈钢结构上，所以绿墙的维护工作相对来说比较容易。植物种植在专门设计的口袋中，需要的话可以相互调换。

绿墙种植模块的安装需要精细的施工，才能取得整体的预期效果。每个模块上都标示了它在墙面上确切的位置。

不锈钢结构的安装也需要特别注意，主要是要确保绿墙呈现一定的坡度，让水能适当流动。如果偏差过大，就会导致有些植物根本得不到灌溉，而有些又灌溉过度。

考虑到当地的地理位置，这栋大楼的垂直绿化设计可以说是实验性的。也就是说，在今后自然生长变化的过程中，风或者是鸟类带来的种子都会改变绿墙的生物多样性。设计方案的预期最佳效果应该会在2016年呈现出来。

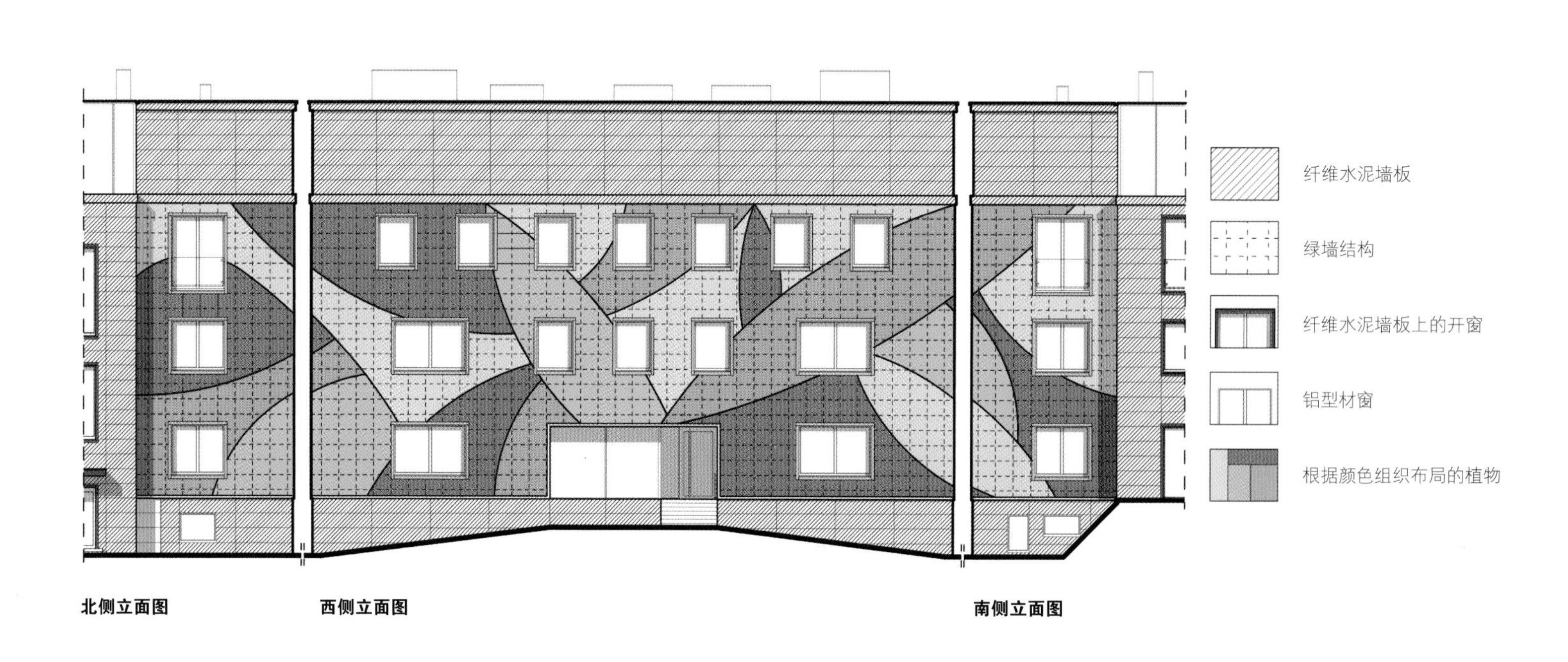

纤维水泥墙板
绿墙结构
纤维水泥墙板上的开窗
铝型材窗
根据颜色组织布局的植物
北侧立面图
西侧立面图
南侧立面图

雨水管理

绿墙不仅有助于营造生物多样性，而且起到阻滞雨水的作用，几乎能够阻截项目用地上 67% 的雨量。加上绿墙，项目用地上的绿化面积占了总面积的 82%。屋顶和铺装地面上收集的雨水导入地下集水池中，然后用于绿墙植被的灌溉。这一设计让排入市政雨水排放管道的灰水量减至最低。

地点
乌拉圭，蒙得维的亚
设计
Margoniner 建筑事务所

兰布拉摄政酒店

兰布拉摄政酒店的绿墙设计和施工均在酒店施工期间进行，因此它在酒店的开业典礼上是重要的展示环节之一。根据城市景观，四块面板通过一定的角度形成曲线。60 厘米的模块悬挂于独立木结构之上，保证了绿墙的灵活性，便于离场养护或维修。以石棉为基质，8 种植物生长在水培流通介质里。绿墙拥有多个不同的日照朝向，因此在植物的选择和设计上必须将此纳入考虑之中。

Margoniner 建筑事务所用了 1 周的时间将整体结构和面板安装起来，然后用了 1 天进行现场种植。一开始，植物很小，不能填满整面墙壁，但是经过 2 个月的春季之后，植物已经开花。夏末，墙壁已经生机勃勃，十分茂密。几年过去了，绿墙仍然充满生机，仅需要极少的养护。项目证明了自己的成功，在乌拉圭乃至整个拉美地区均处在技术前沿。

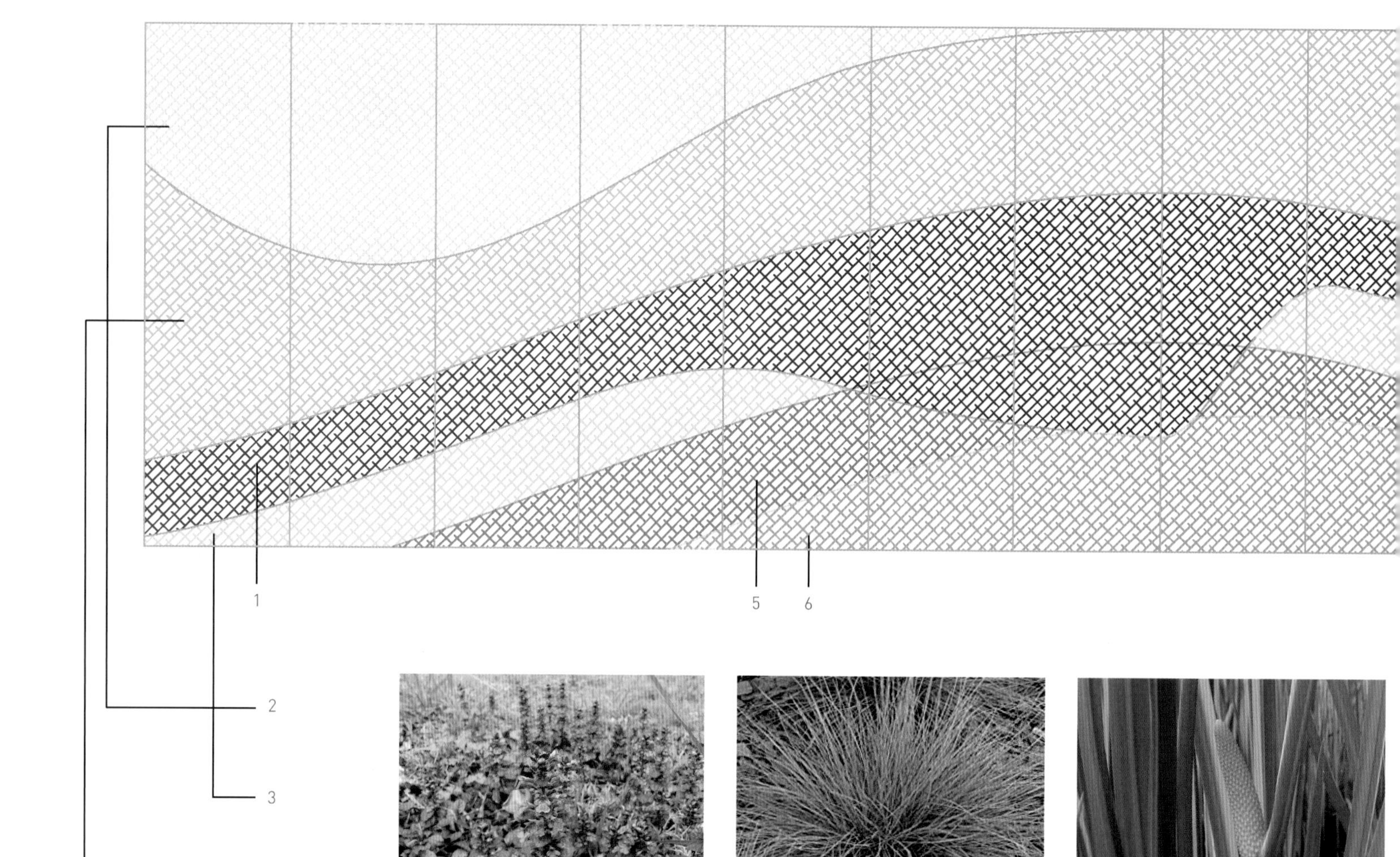

1. 筋骨草

筋骨草又名石松、地瓜儿苗，是一种一年生及多年生草本开花植物，属唇形科。它能长至 5 ~ 50 厘米高，有对生叶。

2. 羊茅

羊茅是一种属禾本科的开花植物，常青或多年生草本植物，呈簇状生长，高度可达 10 ~ 200 厘米。

3. 菖蒲

菖蒲是一种单子叶开花植物，在中度至潮湿的土壤中生长，喜全日照至半阴。它在沼泽和恒湿的花园土壤中均能生长良好。

4. 英国禾草

一种从英国引进的禾本科牧草。易于栽培，对土壤、水分、养分等要求很低。

5. 吊兰

常用名：蛛状吊兰；类型：多年生草本植物；科目：百合科；日照：阴；土壤类型：黏土、沙土、酸性、弱碱性、壤质土；花色：白；叶色：杂色；高度：15 ~ 30 厘米；幅度：60 ~ 120 厘米。

6. 绿珠草

这种快速生长的常青植物有低矮、蔓生的属性，会在花盆四周漂亮的溢出，但是不会生长太远，因为匍匐茎需要与土壤接触。在充足的光照下，它能在叶腋中开出微小的单瓣花。

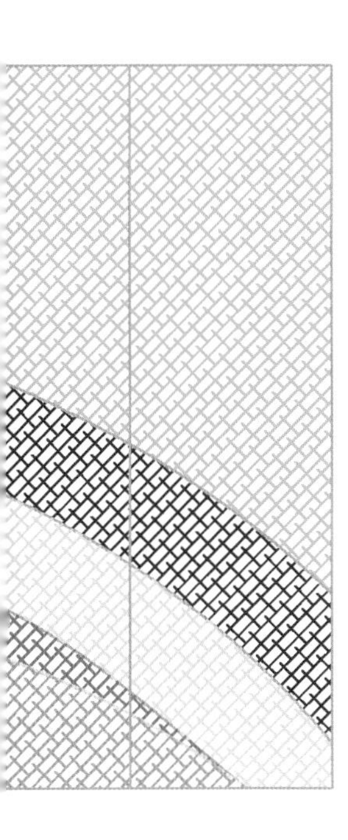

地点

哥斯达黎加，圣约瑟

设计

JSARQ 设计公司

桑托斯餐厅

桑托斯餐厅的设计力求将宾客带到一个有趣的地点。一走进餐厅，设计就会将你吸引。JASRQ 设计公司想要通过原始材料来体现桑托斯餐厅及其食物的原汁原味，所以选用了金属和木材来制作家具，本土植物来装饰绿墙，本地水泥砖进行艺术铺装等。

天花板的错综设计与镜子和霓虹灯，让人感到无比兴奋，金属管所构成的网络遍布整个空间，并且向下成为家具的一部分，将你包围在空间里。霓虹灯和镜子穿插在天花板的金属结构之上，给人以动感、光亮的有趣反射。餐厅的工业化外观与木质家具和绿墙相得益彰，处处都体现着设计细节。开放式厨房和巨大的绿墙为城市和工业设计带来了一丝清新。

绿墙沿着餐厅后部展开，对面是落地的玻璃墙面。设计既实现了完美的平衡，又在二者之间形成了竞争，将人们分别拉向两边。

绿墙的设计将自己放飞于严格的网络之外。各种各样的植物，各种各样的色彩、尺寸和纹理，JSARQ 打造了一个有机造型和波浪的混合体，打破了吧台、家具

和天花板设计的直线线条。

最后，由 27 工作室完成的灯光设计成功地融入了白天和黑夜的各种场景，让人们在白天和黑夜能体验不同的空间，午夜，餐厅会变身成为一间俱乐部。

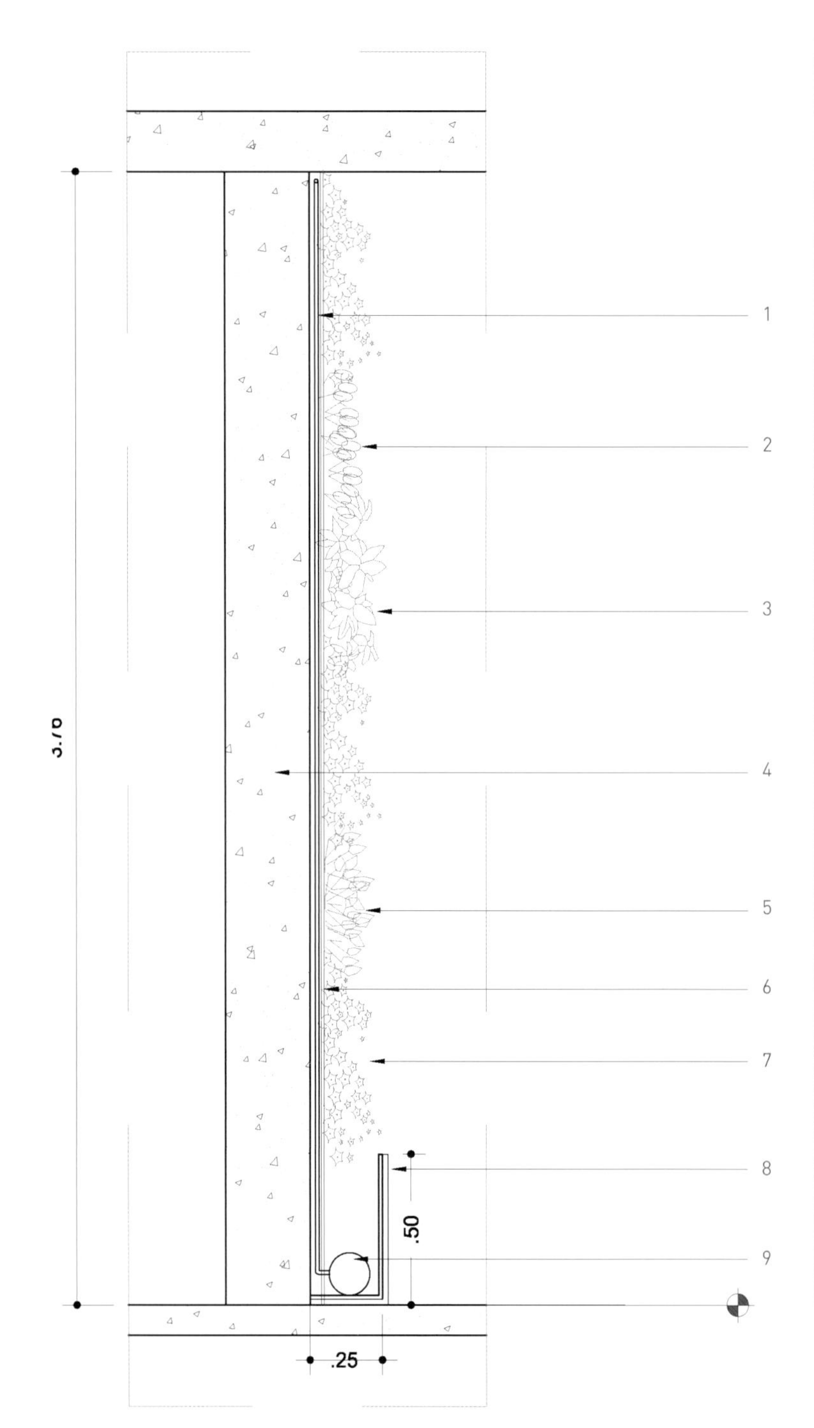

绿墙细节图

1. 灌溉管
2. 箭叶芋
3. 花叶万年青
4. 防水处理过的混凝土墙
5. 多脉秋海棠
6. 绿墙面板
7. 鼠毛菊
8. 排水系统
9. 水泵

1. 箭叶芋

箭叶芋是一种简单优雅的爬藤植物，有毒。光照：良好的光照，但是不要阳光直射；水分需求：均匀潮湿；尺寸：1.8 米高，最大幅度 60 厘米。

2. 花叶万年青

花叶万年青是一种热带开花植物，属天南星科，能忍耐的最低温度为 5 摄氏度，必须在温度适中的室内生长。它需要日照，但是透过窗子的日照通常就已经足够，喜中等潮湿的土壤，应当采用专属盆栽植物肥料定期施肥。

3. 多脉秋海棠

粗壮、高挑且没有分叉的茎以及吸引人的深绿色和紫色亮叶让多脉秋海棠显得十分可爱，它是一种大型热带植物，生长在温暖的花园或室内，需要排水良好的土壤，土壤不能彻底干透。它能忍耐全日照至阴暗环境，但是在半阴中生长最好，喜欢充足的晨光。

4. 鼠毛菊

鼠毛菊，草本、亚灌木或灌木，稀为乔木。有时有乳汁管或树脂道。叶通常互生，稀对生或轮生，全缘或具齿或分裂，无托叶，或有时叶柄基部扩大成托叶状；花两性或单性，极少有单性异株，整齐或左右对称，被白色柔毛或几无毛。

剖面图

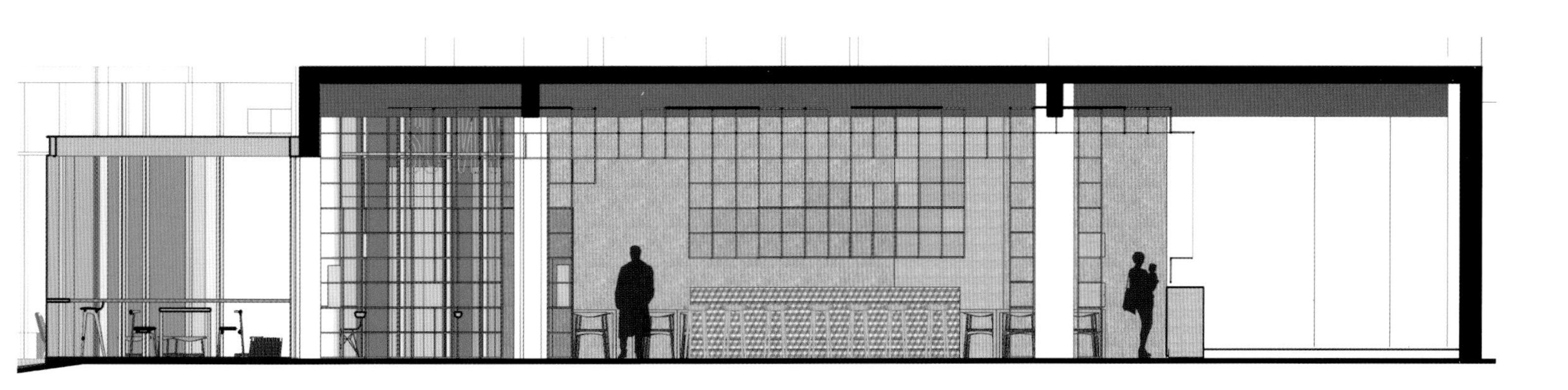

地点

泰国，呵叻

建筑与室内设计

MADA 设计工坊

项目设计团队

尼查理·蓬松布；尼萨克尔·洛特里斯利库；斯里柴·罗伊幸

委托人

考艾植物园酒店

植物园度假酒店

考艾植物园位于泰国呵叻，MADA 设计工坊受委托为酒店的 116 间客房（包含 69 个套房）进行了独特的室内设计。设计的目标是突出考艾的景色，使建筑彻底地融入自然景观。因此，空间的情绪与无所不在的自然之感是设计的关键所在。

设计团队采用垂直绿墙、动态灯光和自然色彩来为室内空间和门厅营造自然环境。因为项目本身就位于最佳的自然环境中，被高山、大树和凉爽的气候所环绕，设计师试图让室内外有着同样的感觉。作为重要的元素，垂直花园能为宾客在视觉和情绪上带来自然气息。因此，设计团队将其设计成前台接待区的背景墙，给办理入住的宾客带来了难以忘怀的印象。

DELL

DELL

平面图

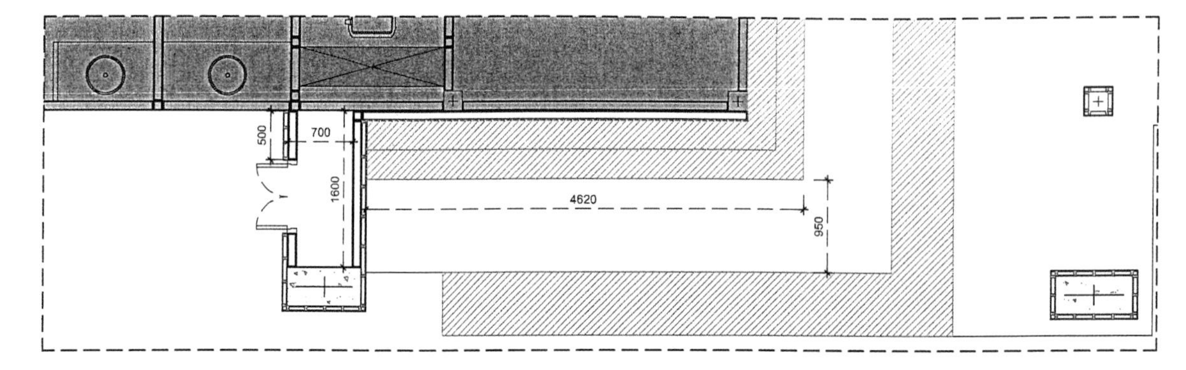

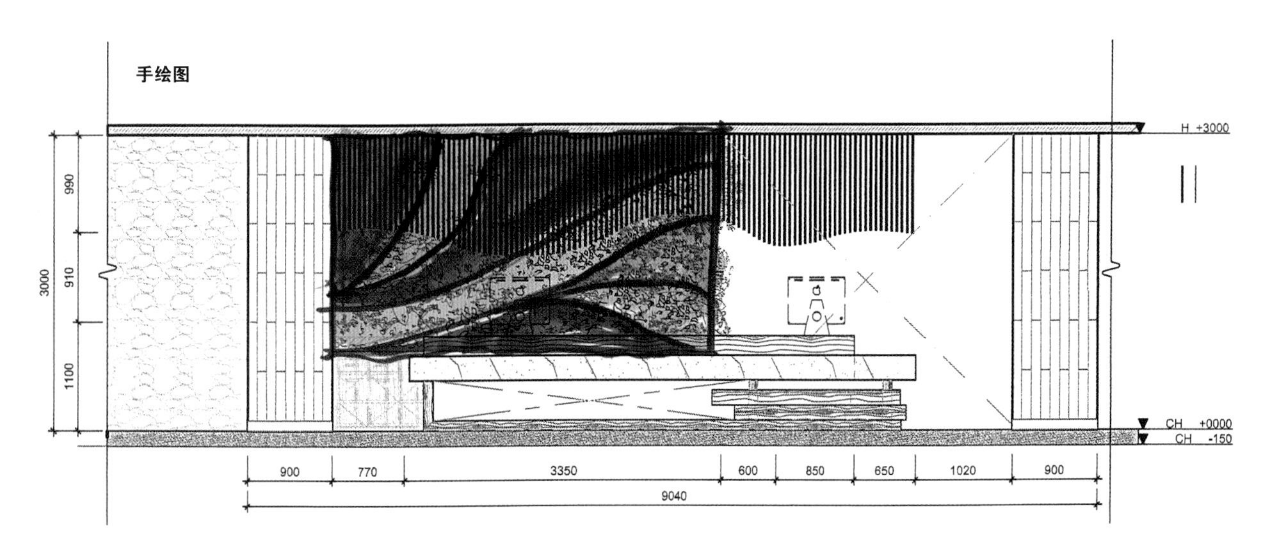

手绘图
H +3000
CH +0000
CH -150
990
910
1100
3000
900
770
3350
600
850
650
1020
900
9040

地点
澳大利亚，南布里斯班
设计
Fytogreen 设计公司

面积
117 平方米
委托人
澳大利亚第 9 频道，《高空大楼》电视系列剧

高空大楼

Fytogreen 设计公司为澳大利亚第 9 频道的《高空大楼》电视系列剧进行了设计和安装。这一系列大小各异的户外垂直花园设置在一座 5 层公寓楼的 4 个方向。分为 25 个部分的垂直花园从 1 楼一直延伸到 5 楼。与周围的黑钢结构相对比，绿植将逐渐形成可持续的常青景观，而一些开花植物则能增添季节性的点缀。尽管面临时间和技术的多重限制，Fytogreen 仍然成功安装了这个垂直花园项目。

高空大楼被 Architizer 网站评为 2014 年中层住宅项目评委和大众选择奖，它的获奖归功于建筑的“第二层皮肤”——一系列黑钢条将原来的汽车旅馆外墙围起，上面布满了垂直花园，为建筑增添了绿意，同时实现了建筑内部温度的均衡统一。

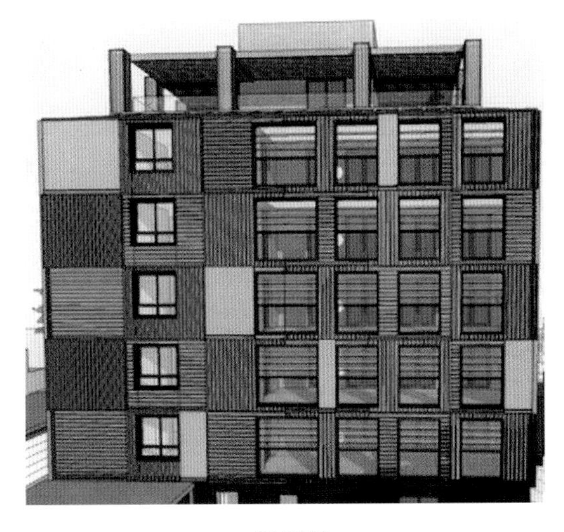

西北朝向

东南朝向

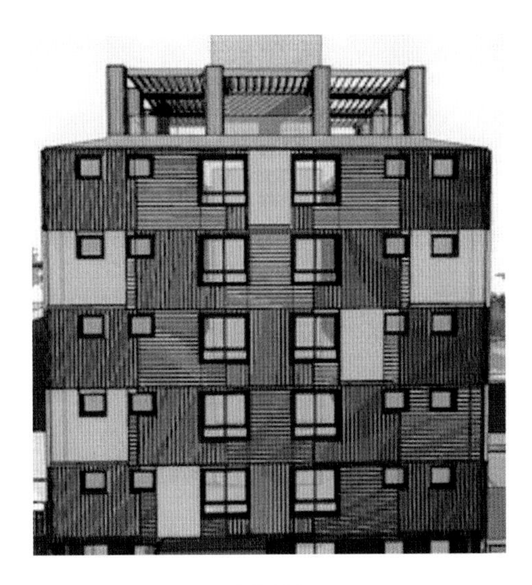

东北朝向

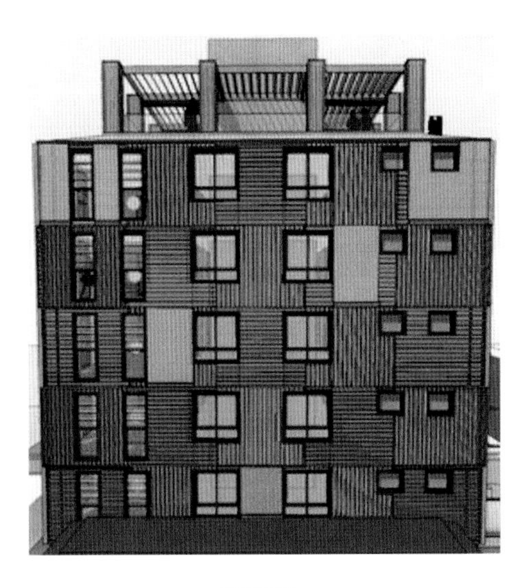

西南朝向

垂直绿化朝向和植物选择

铁角蕨“岛上美人”
长圆叶铁角蕨
百子莲“彼得潘”
龙舌百合“帕尔内”
百子莲“雪球”
大铁角蕨“斯图尔特岛形”
龙舌百合“特普纳”
弯曲酒瓶兰
平卧科雷亚
匍匐科雷亚
多花兰
吊兰
波纹茜草“卡罗红”
大花君子兰“比利时种”
风铃草
长叶千年木

桔梗兰“微风”
脚蕨
大叶黄杨
热带榕“费加罗”
垂叶榕
八角金盘
蕾莉亚兰 / 剑形蕾莉亚
山麦冬“马尔科”
簇叶香蕉草“祖母绿”
簇叶香蕉草“海景”
铁心木“大溪地”
铁心木“小圣诞”
彩叶凤梨
肾蕨“达菲”
彩叶凤梨“火球”
巴西鸢尾
袋鼠花

肾蕨“金伯利皇后”
羽蔓喜林芋“紧凑型”
香茶菜
梁王茶
长叶香茶菜
小叶香茶菜
细梗普斯特草
椒草
欧亚水龙骨
喜林芋“仙境”
迷迭香“平卧形”
假叶树
伞叶鹅掌柴
鹅掌柴
绿珠草
马蓝

地点
印度，班加罗尔

设计
紫墨水工作室

面积
2000 平方米

摄影
紫墨水工作室

G 艺术馆

从 G 艺术馆的窗口向外望，原本是一面光秃秃的 5 米高墙壁，但是本项目的景观设计彻底改变了它。艺术馆位于印度班加罗尔市中心，同时也是 18 世纪现代印度艺术领军人物拉贾·拉维·维尔马基金会的办公场所。拉贾·拉维·维尔马基金会要求墙面景观设计既要为艺术馆内的丰富艺术展品提供一个柔和的背景，又要拥有属于当代的独特个性。

巨大的墙壁变成了画布，设计师在其表面上进行各种试验，既参考了艺术家的风格，又受到了西方原始主义的影响。画布的巨大给予了设计更大的发挥空间，设计利用巧妙的色调和本地材料装点墙面，形成了一幅现代巨画。

墙面的设计仅适用了两种主要材料：混凝土和绿植。设计师利用一种当地的竹席来构成图案，将墙面分割成一块块面板。这些竹席由当地供应商专为项目定制，能通过水平和垂直变化来实现理想的图案，同时又能保证竹子有机结构的完整性。

在混凝土上使用传统材料在一种现代和传统艺术之间

形成了强烈的联系，这正是G艺术馆和拉贾·拉维·维尔马基金会所期待并展现的。竹席图案的表面上进一步增添了绿墙设计，近1000株植物将墙壁覆盖，增添了一层柔软而又生机勃勃的视觉效果。作为设计的一部分，绿植的运用将永恒和对艺术家伟大作品的持续欣赏作为焦点。

墙面上“动”和“声”两个维度的加入让设计更进一步。由当地竹子制成的喷水嘴点缀在绿墙上，清水流入栽种着水生植物的水池。水池外围的花槽里种满了绿植，形成了均衡的底座。花槽前面覆盖着手绘瓷砖，增添了飞扬的色彩，为整体空间设计添加了一系列几何图案。

这个柔和的艺术馆背景同时还可以作为室外展览区，下射灯将点亮墙面上展示的艺术品。这个空间还可以展示多种媒介的艺术品，花槽地面可以变成舞台，用于展示三维艺术品。

1. 绿五色苋

常用名：苋菜；类型：多年生草本植物；科目：苋科；日照：全日照或半阴；土壤湿度：适中；花色：白；叶色：绿、常青；高度：15～30厘米；幅度：15～45厘米。

2. 红五色苋

常用名：苋菜；类型：多年生草本植物；科目：苋科；日照：全日照或半阴；土壤湿度：适中；花色：白；叶色：红、常青；高度：15～30厘米；幅度：15～45厘米。

3. 吊兰

常用名：蛛状吊兰；类型：多年生草本植物；科目：百合科；日照：阴；土壤类型：黏土、沙土、酸性、弱碱性、壤质土；花色：白；叶色：杂色；高度：15～30厘米；幅度：60～120厘米。

4. 彩色半柱花

类型：多年生热带植物；科目：爵床科；日照：全日照、半阴；土壤湿度：一直潮湿；花色：白、近白色；叶色：酒红；高度：15～30厘米。

5. 椒草

科目：胡椒科；日照：半日照；土壤湿度：潮湿；叶色：深绿；高度：15～30厘米；幅度：25～30厘米；寿命：长于5年。

6. 蟛蜞菊

科目：胡椒科；类型：地被植物；日照：全日照、半阴；土壤湿度：潮湿、中等湿度；花：2.5厘米橘黄色花；高度：10～25厘米。

7. 蔓生吊竹梅

光照：中度光照；高度：15～20厘米；幅度：20～30厘米；温度：16～27摄氏度。它是一种拥有深紫色叶片的蔓生植物，可忍受暗光至明光，与绿叶、直立生长的植物是好伙伴，应放置在可以使茎自由悬挂或蔓延的地方。

植物墙的安装过程

第一步 安装前的墙体

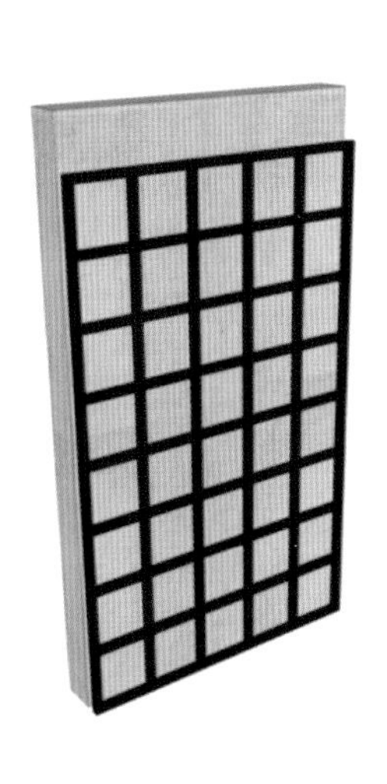

第二步 安装支架结构

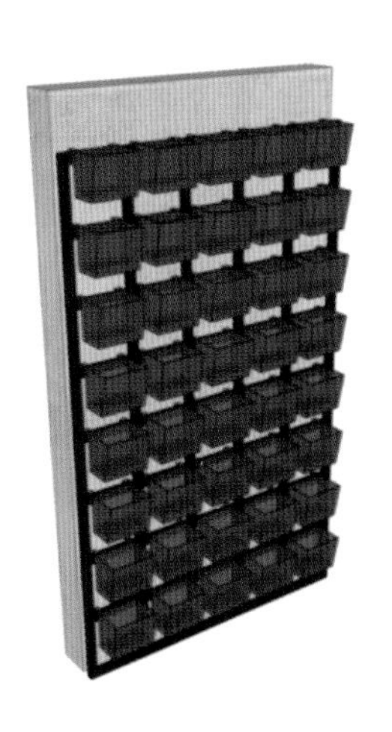

第三步 在支架上安装植物槽

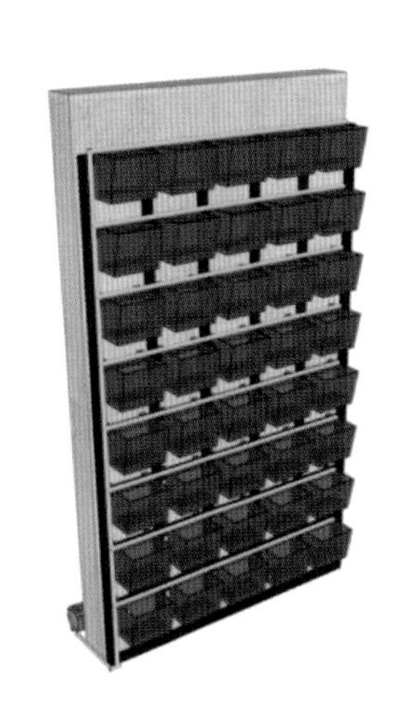

第四步 根据植物槽的位置安装布局灌溉网

第五步 安装后的效果

地点

法国，巴黎

设计

Végétalis

摄影

@juanjerez-croix nivert

克鲁瓦·尼文特社会住宅

这个位于巴黎的环境住宅项目来自于巴黎城镇住房管理中心所举办的国际竞赛优胜项目。建筑有8层，地下还有2层停车场，共有200个车位。

由于住在处于巴黎市中心的高密度街区，环境因素导致日照受限。尽管如此，建筑的环保表现十分出色，是巴黎生态效果最好的建筑之一。良好的保温、通风、雨水冲厕、光电伏和太阳能板、幼儿园的遮阳篷共同构成了环保系统。建筑的能耗值为50千瓦时/年/平方米，符合“环保建筑”要求。而幼儿园更是完全的自主能源空间。

设计理念决定打破传统公寓的概念，使建筑与绿化相结合，让它看起来更像是宜居的景观而不是普通的建筑。这一绿色景观为城市的未来提供了新的愿景。这些绿墙由叠加的土笼筐所形成的绿柱构成，里面的钢铁结构具有灌溉功能，让植物乃至小树得以在墙面上生长。建筑位于城市中心，四周没有大树，因此绿化设计格外重要，能让街道显得更友好。项目可以被看做是景观、城市化生活和建筑项目的结合体。

218-220

在克鲁瓦·尼文特街上，主墙通过惊喜的绿色拉长了老街道线，打造了全新的未来形象。墙面故意混合了两种色彩，一部分呈现出旧建筑砖墙的红色，另一面则呈现为灰白色。在墙面的一楼部分，中央的大开口一直延伸到内庭，阳光明媚。

建筑的内庭在西南方阳光照射下呈现出不同的视角和绿柱，在城市和以低矮建筑为主的地铁口呈现出宁静之感。

庭院的一层有一个1000平方米的幼儿园，朝向郁郁葱葱的绿树花园和植物园。所有班级都设在色彩斑斓的花园前方，有很多树木。在密集的城市空间里，绿树环绕的幼儿园看起来接近完美。

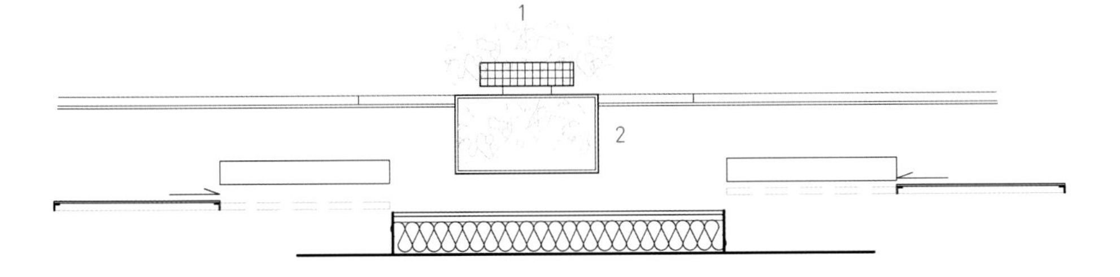

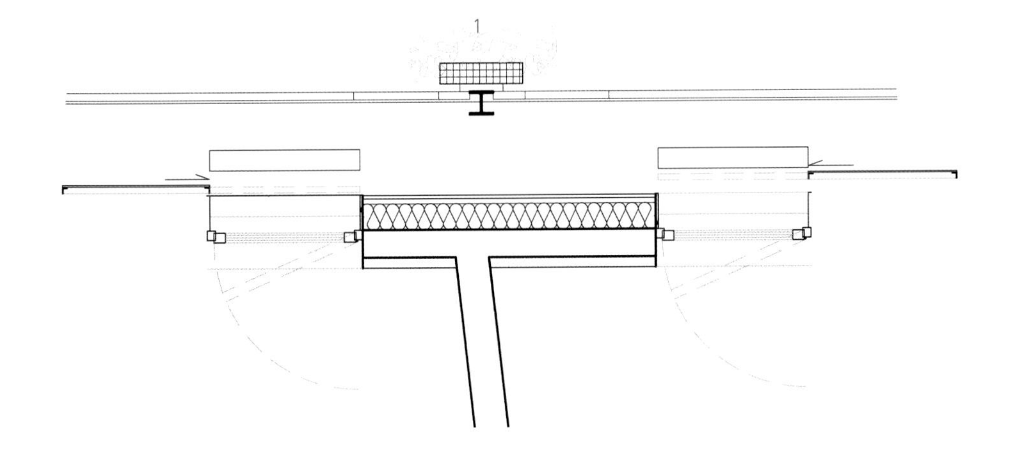

细节图

1. 植物立柱
2. 基部

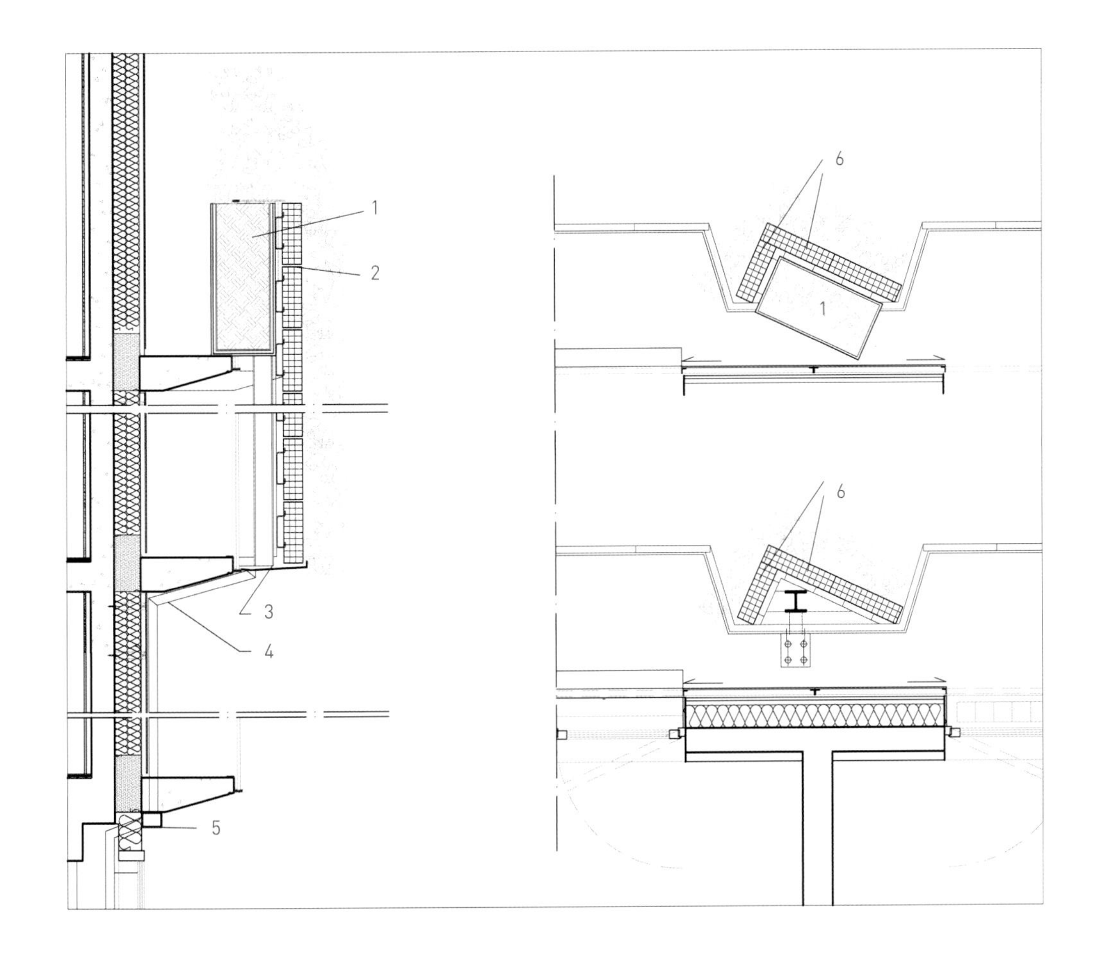

细节图

1. 基部
2. 植物模块
3. 植物模块中的排水装置
4. 漆面金属管
5. 漆面金属水箱
6. 植物立柱

1. 晨曲风铃草

风铃草生长在中性、排水良好的土壤中，适合充足的阳光，在炎热的夏季中喜阴凉，定期浇水会使其保持最佳状态。在夜晚温度高于 21 摄氏度的地区无法良好生长。

2. 蓝叶风铃草

最受欢迎的风铃草品种之一，植物能形成一片由小绿叶构成的“地毯”，初夏会有朝上的风铃形花朵。这一品种的花朵呈清澈的中度蓝色。

3. 加尔加诺风铃草

一种独特的风铃草，以亮黄色叶子和松散成簇的亮蓝色花朵为特色，能形成低矮、紧凑的一团。叶子在温和的冬季可能保持常青。喜潮湿、排水良好的土壤，在炎热的午后需要遮阳。在春天和早秋容易分盆。

4. 冰霜风铃草

小绿叶成簇生长，瓷白色的花朵有淡蓝斑点，在晚春开花。由于这一品种生命力顽强，应避免与纤弱的高山植物共同种植，否则会致其死亡。可用作小片区域的地被植物，特别适合种在灌木玫瑰下。

5. 大花老鹳草

生命力顽强，几乎能适应各种环境条件，即使是全荫也行。大量的双重粉紫色花瓣在精致的锯齿状叶片中矗立，叶片在秋季会变成红橙色。

6. 大根老鹳草“贝文变种”

一种极易养护的多年生植物，几乎在任何地点都能生长。芳香的绿色大叶在地上铺成一片，在初夏开出深粉紫色的花朵，是一种理想的地被植物或花带植物。植株在初春或秋季易于分盆，耐旱耐热，甚至可在干燥阴凉的环境中生长，夏季仅需偶尔浇水。

7. 大根老鹳草“施佩萨特”

老鹳草是一种多年生花带植物，碟形花朵呈白色、粉色、紫色和蓝色。它在阴凉中极易生长，开花可达数月。老鹳草在农舍花园设计中十分流行，花期长，花粉和花蜜有大量的传粉者，特别是蜜蜂。

8. 大根老鹳草“瓦赫宁根”

一种多年生草本植物，是理想的地被植物，夏季开花，花朵呈粉红色，有深色的条文。它最适宜生长在日照充足或半阴的地点，需要潮湿且排水良好的土壤。

9. 萱草

萱草在湿度适中、排水良好的土壤中极易生长，喜充足的阳光或半阴，需要在花朵盛开时移除花茎。当植株过于茂密时需要分盆来保持活力。是一种耐贫瘠土壤、炎热和潮湿的顽强植物。

10. 亮叶忍冬

亮叶忍冬为忍冬属，拥有茂密的叶子和艳丽的花朵。亮叶忍冬是一种常青灌木，可以在充足日照、半阴和阴处生长，应保护其不受午后阳光照射，避免灼伤叶片。只要土壤肥沃、排水良好、保持潮湿，它在沙土、黏土或壤质土中都能生长良好。

11. 小叶鼠尾草

小叶鼠尾草是一种茂盛的常青灌木。它喜光，喜水分适中和排水良好的土壤，耐干旱。红白双色花朵从夏末一直盛开到秋季，能吸引蜂鸟和蝴蝶。植株可长至 60 ~ 120 厘米高，宽幅可达 180 厘米。

12. 凤梨鼠尾草

凤梨鼠尾草是一种常青灌木，其植株大小平均可达 60 厘米 ×60 厘米，适合沙土和壤质土，喜排水良好的土壤，适合中性和碱性土壤。它不能在阴处生长，喜干燥或潮湿的土壤，耐干旱。

地点

新加坡

设计

Greenology 公司

摄影

Greenology 公司

双子楼

双子楼矗立在利安尼山坡上，是优雅的地标性建筑。它距离新加坡的著名购物带仅有几分钟的路程，是一个由两座相同塔楼构成的高端公寓项目，享有广阔的水景和茂密的花园以及大量的休闲娱乐设施。

36 层高的大楼楼顶被设计成花园休息区，可以俯瞰整个城市。水景和郁郁葱葱的植物交相辉映，营造出适合大型聚会、小型聚会和独处的空间。

一面 5 米高的植物墙让内设公共设施和服务区的空间变得柔和，使其与花园无缝连接。造型、色彩和纹理各不相同的植物形成了多彩的波浪，与华丽的柱子和稀奇古怪的雕塑风格一致，提升了屋顶花园的视觉主题和空气质量。

EXIT

1. 石灰绿喜林芋

石灰绿喜林芋的叶片呈明亮的石灰绿色至金黄色，有独特的粉色叶柄。它有紧凑茂密的植株造型，从根部长出许多叶子和嫩枝。

2. 半柱花

半柱花常用名红常春藤，为多年生草本植物，属爵床科，高度 15 ~ 23 厘米，幅度 30 ~ 45 厘米，季节性开花，花朵为白色，喜全日照至半阴，浇水需适度，叶片呈彩色，常青。

3. 观音莲

观音莲（象耳）是一种美丽的盆栽植物，深绿色叶片上有白色或浅绿色的叶脉，喜明亮的间接光照，温度需高于 10 摄氏度，喜高湿度，盆栽土壤需能快速排水，透气。

4. 石青剑叶草

石青剑叶草十分脆弱，冬季需放在室内，喜半阴或全阴，尺寸可达 60 厘米高，90 厘米宽；需要定时浇水，开白色花，结橙色果实。

5. 亮叶海棠

许多杂交的亮叶海棠都有装饰叶片，一些还有诱人的花朵。秋海棠喜潮湿但排水良好的土壤和阴凉环境，同时还需要高湿度和恒温环境。

6. 合果芋

合果芋喜半阴环境，土壤酸碱值 5.5 ~ 6.5，适合沙壤土至黏壤土，浇水需适中，是一种稀疏分叉的常青攀爬植物，叶片呈心形，由椭圆形小叶构成，幼时呈浅绿色，成熟后上面呈深绿色，下面呈紫色。夏季会开出绿色和白色的佛焰苞。

7. 紫露草

紫露草为多年生植物，高度 15 ~ 30 厘米，幅度 15 ~ 30 厘米，喜全日照或半阴，湿度需适中，开紫色花朵，属于观叶植物。新鲜的叶片有两条银纹，下面呈紫色。花朵全年间歇性开放。

8. 吊兰

吊兰是多年生草本植物，属百合科，喜阴，喜黏土和沙土，土壤最好为弱碱性壤质土。花朵呈白色，叶片呈斑驳色，高度 15 ~ 30 厘米，幅度 60 ~ 120 厘米。

9. 圆叶冷水花

圆叶冷水花为匍匐植物，叶片呈酒红色，需要定期浇水，但不能过度，适合生长在室内，高度 30 ~ 45 厘米，喜日照或半阴，全年开粉色、白色花。

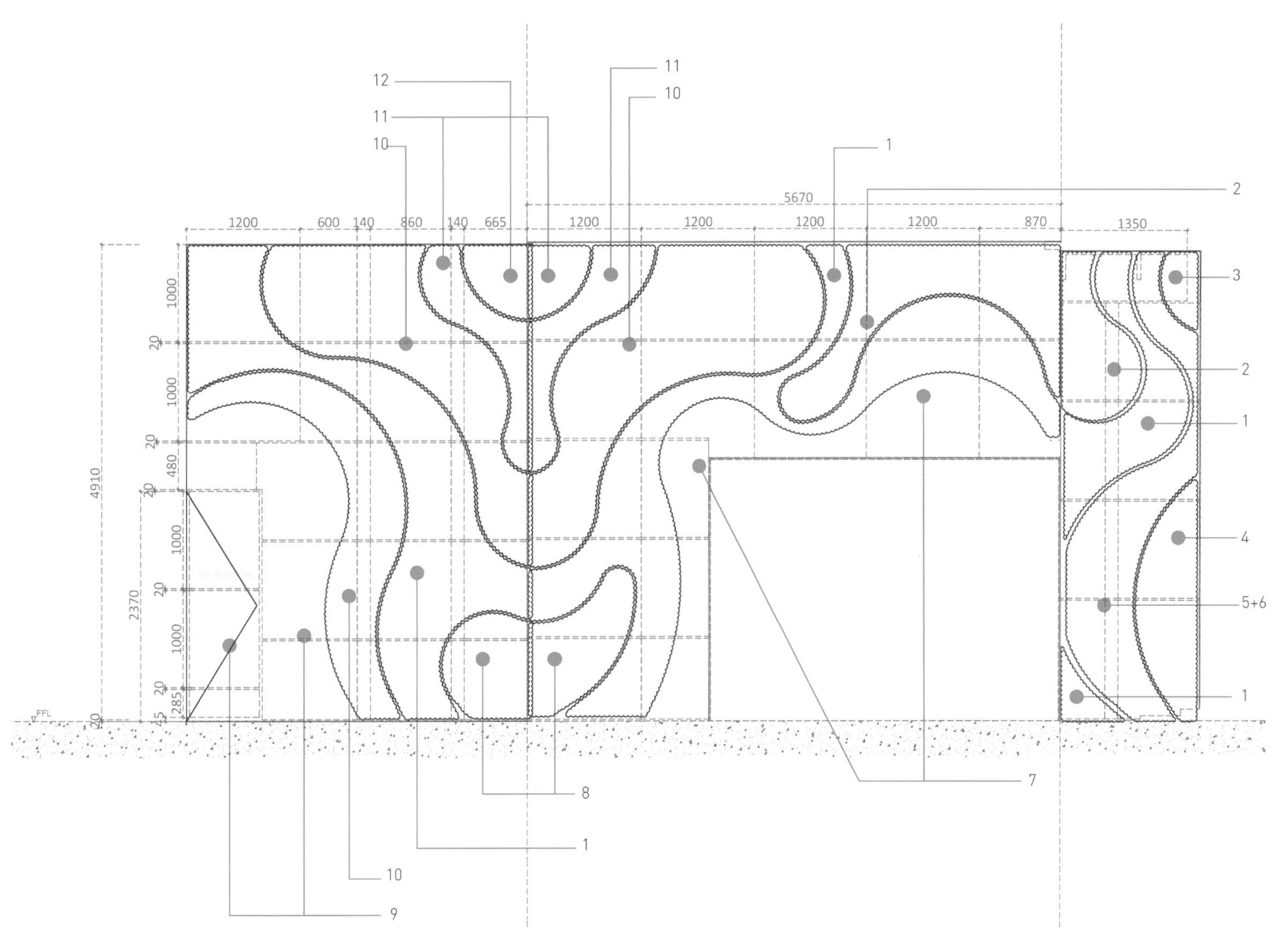

植物设计

10. 心叶喜林芋

心叶喜林芋是一种常见的住宅植物，极易生长。有光泽的心形叶片先呈青铜色，然后迅速变绿。叶片通常为 5 ~ 10 厘米长，细长的茎可生长至 1.2 米以上。

11. “白日”薜荔

“白日” 薜荔高 45 厘米，喜攀爬，叶片呈深绿色，有白色斑纹，是一种顽强的常青攀爬植物，用茎上的气根吸附。它能产生小而亮的心形绿叶，叶片成熟后呈青铜色。

12. 芒毛苣苔

芒毛苣苔是一种开花的藤蔓植物，多数种植在挂盆之中。与大多数附生植物一样，芒毛苣苔需要良好的光照和排水良好的土壤，两次浇水之间土壤需保持干燥。

地点

新加坡

设计

Greenology 公司

摄影

Greenology 公司

帕瓦多旗舰零售店

帕瓦多旗舰零售店位于新加坡金融中心的一座公园内，这座公园是在周边工作的职场人士最喜爱的休闲放松场所。就餐区的设计以通透感为基础，全方位的玻璃幕墙让人们将公园景观和外面繁忙的城市生活尽收眼底；建筑的其他部分则采用植物绿墙，使其融入了周边环境之中。

植物组合包含各种绿叶植物，它们既柔化了建筑的棱角，又不会盖过建筑的风头。考虑到实际养护需求，设计师选择了既能简单获得、又能在周边高层建筑遮挡下生长良好的植物。

设计为市中心的人们提供了极好的室内外餐饮环境，让人们在绿荫环绕中尽情享受。

THE
PROVIDORE

THE
PROVIDORE

THE
PROVIDORE

THE
PROVIDORE

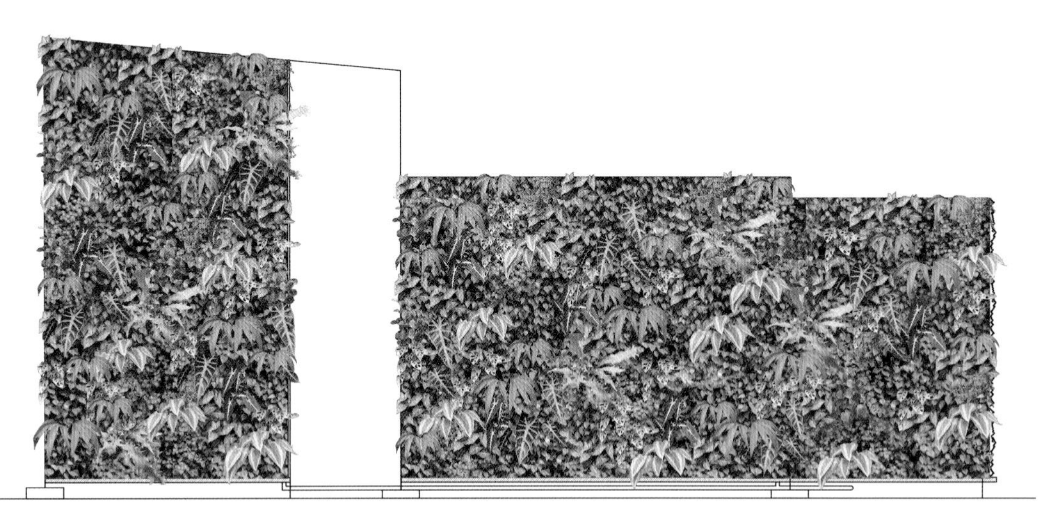

立面 A

立面 B

1. 绒叶合果芋

绒叶合果芋是一种攀爬类天南星科植物，拥有箭形深色小叶片，叶片上带有绒毛和白色至银色叶脉。土壤需求：中度、排水良好；湿度需求：平衡湿度；日照：轻度阴凉。

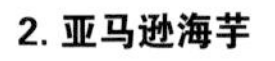

2. 亚马逊海芋

亚马逊海芋有箭形的大叶，叶片最大可达60厘米长，约30厘米宽，呈深绿色，有对比鲜明的白色叶脉和白色边缘。青黄色的船形花朵于春夏开放，但是并不明显，尤其是室内生长时。

3. 海芋

海芋的主要价值在于其巨大的叶片，它的叶片巨大，呈心形或黑桃形，色彩艳丽，有蓝、紫、蓝绿、红和青铜色的斑驳色彩。海芋开花为马蹄莲样的佛焰苞。

4. 绿薜荔

薜荔，原产于中国、日本和越南；温度：温暖（20 ~ 28 摄氏度）；水分需求：中至高湿度。

5. 迷你龟背竹

迷你龟背竹有一种辨识度很高的奇怪叶形，叶片上会出现自然的孔洞，叶片平均 12 ~ 15 厘米长，但是如果可以在成熟植物上攀爬，会长得异常之大。这种植物具有快速攀爬的属性，喜亮光或半日照，适合潮湿和肥料丰富的土壤。

6. 石青剑叶草

耐寒能力：非常脆弱，冬季应养在室内；日照：略阴至阴；生长习性：多年生植物，高 60 厘米，直径 90 厘米；水分需求：定期至大量的浇水；开花：白色花朵，橙色果实。

7. 合果芋

合果芋是一种天南星科的开花植物，木质藤可生长至 10 ~ 20 米，在树上则可能更高。它的叶形随着植物的生长阶段而变化，与常见于小型的室内盆栽种相比，成熟的叶片形状更加分裂。

8. 箭叶合果芋

箭叶合果芋十分简单、优雅且全能的攀爬植物，但是有毒。日照：良好的光照，但是不能有阳光直射；水分需求：适度湿；尺寸：1.8 米高，最大幅度 60 厘米。

立面 C

立面 D

立面 E

立面 F

立面 G

估计植物数目

亚马逊海芋 20	心叶喜林芋 400
海芋 20	椒草 50
鸟巢蕨 20	冷水花 400
绿薜荔 350	合果芋 350
星蕨 30	箭叶合果芋 140
大叶星蕨 30	绒叶合果芋 350
迷你龟背竹 30	石青剑叶草 30
翠绿喜林芋 50	
马克西喜林芋 50	总计 2310

9. 冷水花

冷水花是荨麻科最大的一属，大多数种类都是肉质的喜阴草本植物或灌木。植物有成对生的叶子，从叶基上伸出3根主叶脉，但是一些叶片也没有叶脉。

10. 马克西喜林芋

马克西喜林芋为天南星科喜林芋属，是匍匐类多年生热带植物；水分需求：适中，需定期浇水，不要过度；日照：日照至半阴，略阴；危害：植物的各部分都有毒，不可食用。触碰植物可能会引起皮肤刺激或过敏反应。

11. 椒草

椒草拥有厚茎质叶片和小花，在排水良好的腐殖土和浅容器里生长的最好，喜温暖湿润的环境，温度至少为 10 ~ 12 摄氏度。但是，它的叶子易腐坏，应当从底部少量浇水（特别是冬季），避免弄湿植物上部。

12. 心叶喜林芋

心叶喜林芋是一种常见的室内植物，极易生长。心形的亮叶呈青铜色，然后迅速变绿。叶片通常 5 ~ 10 厘米长，细长的茎可长至 1.2 米或更长。

13. 翠绿喜林芋

这种喜林芋因其易于生长和艳丽的叶子而深受人们喜爱，种植在室内。又大又亮的叶片呈酒红绿色，茎则呈亮红色。它可以爬上格架，在少光照和室温条件下生长良好。

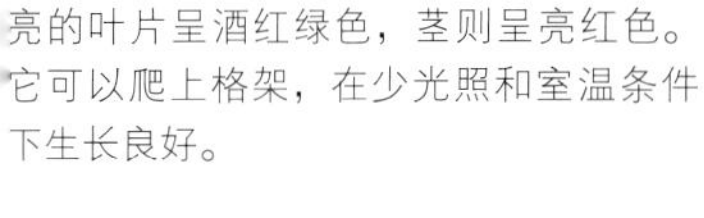

14. 星蕨

星蕨属植物在全世界约有 50 种变种，属于水龙骨科，是一种附生植物（生长在树上），但是也发现一些依附石头生长。

15. 大叶星蕨

常用名：鳄鱼蕨；高度：30 ~ 60 厘米；日照：阴；水分需求：适中；叶片的独特纹理几乎与鳄鱼皮一模一样。这种蕨类在地面上或吊篮中效果极佳。

16. 鸟巢蕨

鸟巢蕨是一种铁角蕨科的附生蕨类植物。它闪亮、完整的叶片向上展开的碗形莲座丛里排列。这些苹果绿色的微波状叶可生长至 1.5 米长，但大多数为 45 厘米长，5 ~ 8 厘米宽。它在温暖潮湿、半阴至全阴的区域生长最好。

地点
智利，圣地亚哥
面积
33 平方米
设计
绿墙设计

委托人
智利审计总署
摄影
克里斯蒂安·阿里斯门迪

智利审计总署垂直花园

垂直花园位于智利审计总署大楼的内庭里。它的设计重新利用了一个被遗忘的空间，通过这个绿色空间将自然带到了建筑之内，颠覆了空间理念，带来了全新的价值。

8 种植物被种植在充满了泥炭藓（一种智利天然原料）的花槽中。这些花槽十分适合这种类型的花园，因为它们尺寸较小，并且无需过多的养护。植物里包含热带、亚热带和本土植物。设计的巨大优势在于它既不需要阳光也不需要过多的光照，平均每平方米有 25 ～ 30 株植物。

自动灌溉系统能让景观保持潮湿和充足的养分。同时，设计还在底部引入照明，让不同的色彩和层叠的叶片更加鲜明和突出。

设计能为室内办公空间带来自然之感，为混凝土带来了生机。这样一来，员工们的办公环境得到了提升，充满了绿意和积极的气氛。

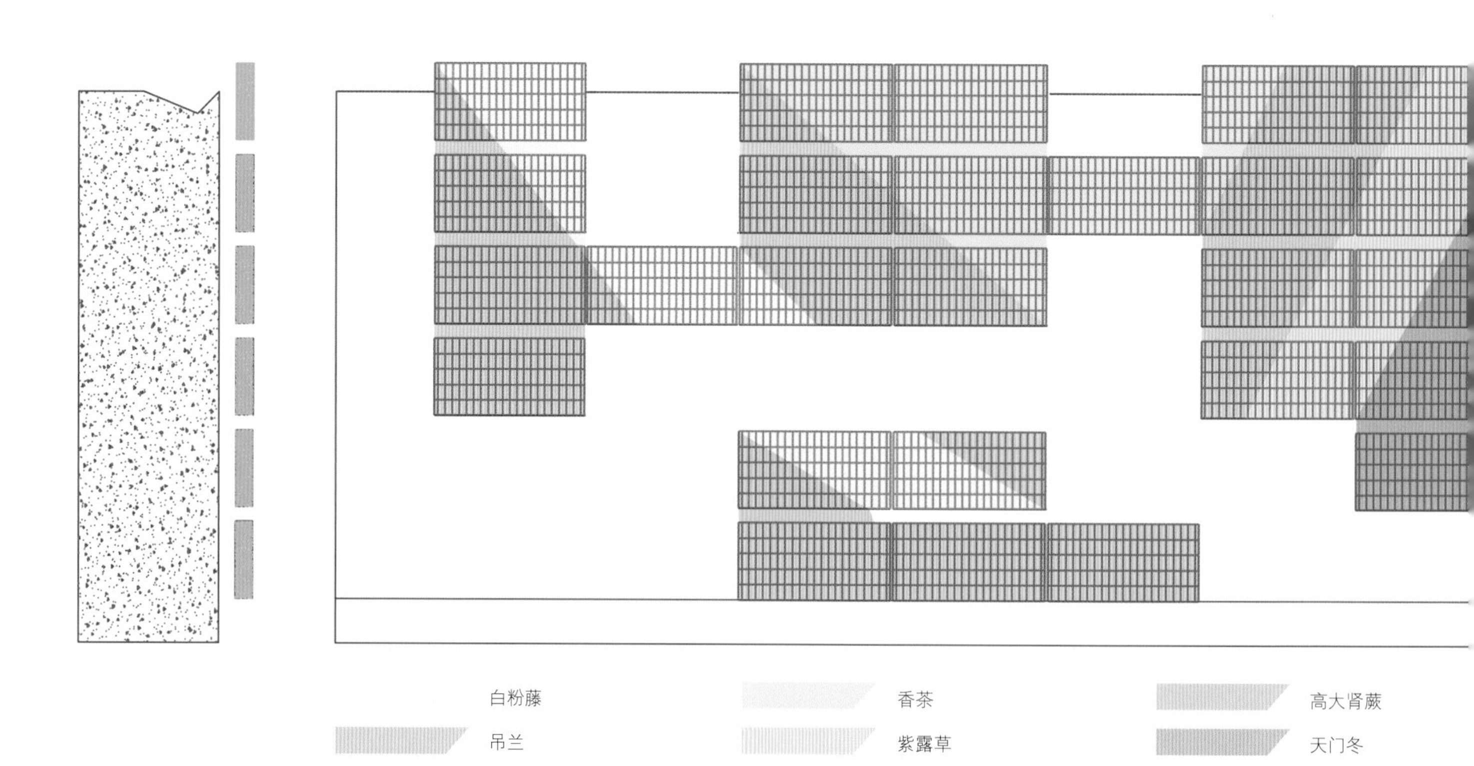

1. 白粉藤

白粉藤是一种垂挂植物，与藤本植物类似。叶片呈深绿色。白粉藤对光照的需求度较低，因此很适合在室内生长。夏季应有规律性地多浇水，冬天可少量浇水。为了保持枝繁叶茂，应定期对其进行修枝。

2. 吊兰

常用名：蛛状吊兰；类型：多年生草本植物；科目：百合科；日照：阴；土壤类型：黏土、沙土、酸性、弱碱性、壤质土；花色：白；叶色：杂色；高度：15 ~ 30 厘米；幅度：60 ~ 120 厘米。

3. 冷蕨

生命周期：多年生；习性：草本、蕨类；叶周期：常青；日照需求：半阴；土壤湿度：潮湿。这种脆弱蕨类的外观各异，很大程度上取决于产地。它通常为矮丛（25 ~ 30 厘米高，60 厘米宽），拥有窄头双羽形复叶。

4. 香茶

多年生常青地被植物（半灌木），可长至 30 厘米高，几十厘米宽，有独特的宽形椭圆叶，正面为绿色，背面为紫色，带有小而硬的白毛。它在有光或半阴中生长最好，也可耐全阴，但是会失去红色。应定期或频繁浇水。

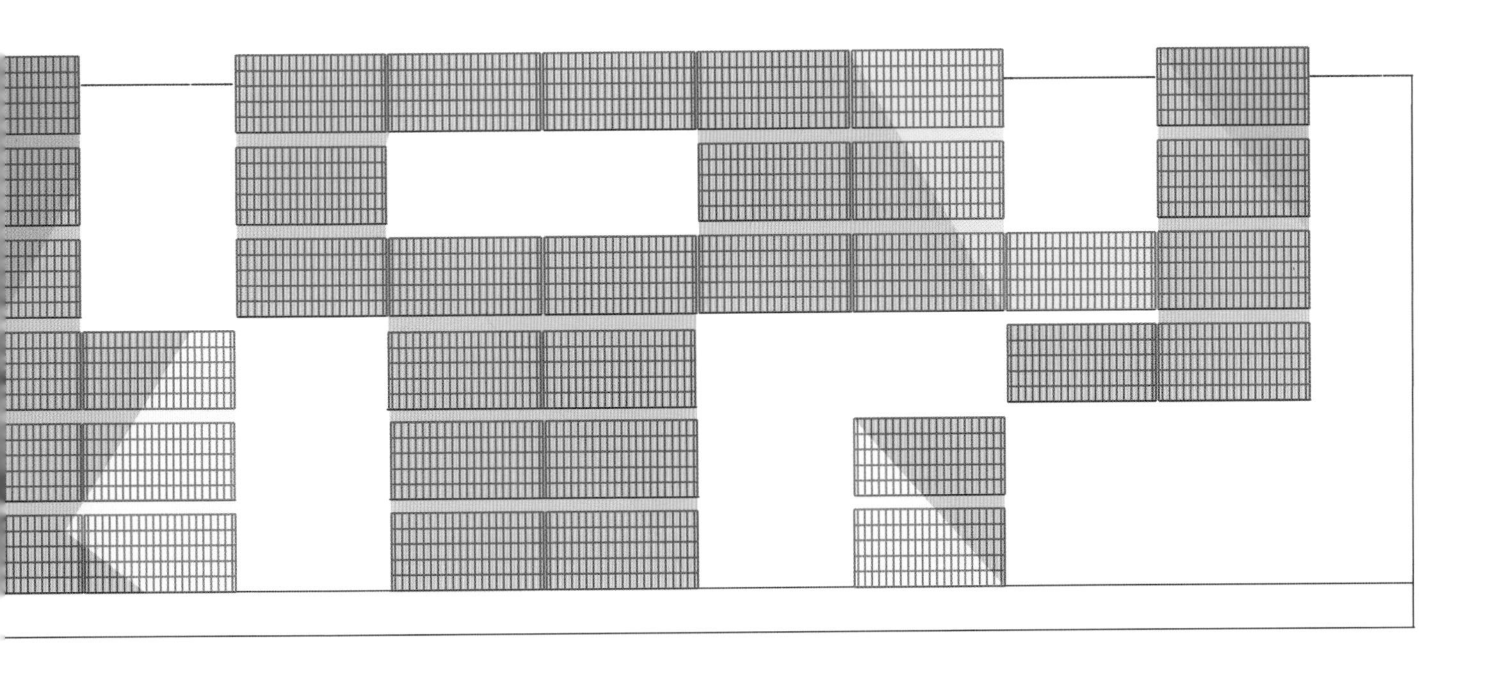

5. 紫露草

类型：多年生；高度：15～30厘米；幅度：15～30厘米；日照需求：全日照至半阴；湿度：中等潮湿；花色：紫色。这是一种观叶蔓生植物，新鲜叶片有两条银色条纹，背面为紫色，全年间歇性开花。

6. 轮生香茶菜

轮生香茶菜是一种半肉质多年生地被植物，有芳香，可长至10～30厘米高，60厘米宽。它极易生长，需要全日照至半阴和丰富、排水良好的混合土壤。每2～3周浇一次水，在浇水前土壤表面可干燥多日。

7. 高大肾蕨

这是一种常青蕨类，喜向上生长，可长至90厘米高，90厘米宽，喜明亮的间接光照，不喜日光直射，耐阴。土壤需保持潮湿。

8. 天门冬

天门冬是一种抗逆性很强的植物，拥有颜色稍白的球状叶片，能够蓄积水分。这种特殊的叶片也让其能够在干旱季节拥有很强的抗旱能力。花朵较小。无须过多维护。其紧凑而密集的叶片具有较高的观赏价值。

地点

美国，纽约

面积

83 平方米

建筑公司

Vamos 建筑事务所

建筑师

埃文・班尼特、西尔维娅・菲斯特

设计

汉娜・帕克、T&G 公司

委托人

泰诺健公司

摄影

汉娜・帕克

泰诺健旗舰店绿墙

这面室内绿墙由 T&G 公司为泰诺健健身器材旗舰店的展示厅设计，位于纽约 SOHO 区。设计团队所面临的挑战是如何将时尚、现代的室内设计与绿色、平静、纯净的自然融为一体。展示厅有一个 9 米高的外延空间，空间后部配有一个天窗。多年的移位和沉陷让巨大的墙壁变得不再平行，T&G 公司巧妙地利用了这一点。

作为现代玻璃楼梯的背景，绿墙十分能吸引过往行人和消费者的注意力。墙壁总面积 83 平方米，需要定制的梯子来进行安装和维护。墙面上种植着不同质地和色彩的 900 株植物，形成了一种热带雨林的形象。为了保证绿色风景的持续，分为 15 个区域的定制灌溉系统将为每株植物进行灌溉。此外，设计巧妙的聚光灯为植物提供必要的光照，让植物得以在室内环境中繁茂生长。

立面图

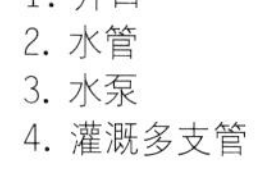

1. 开口
2. 水管
3. 水泵
4. 灌溉多支管

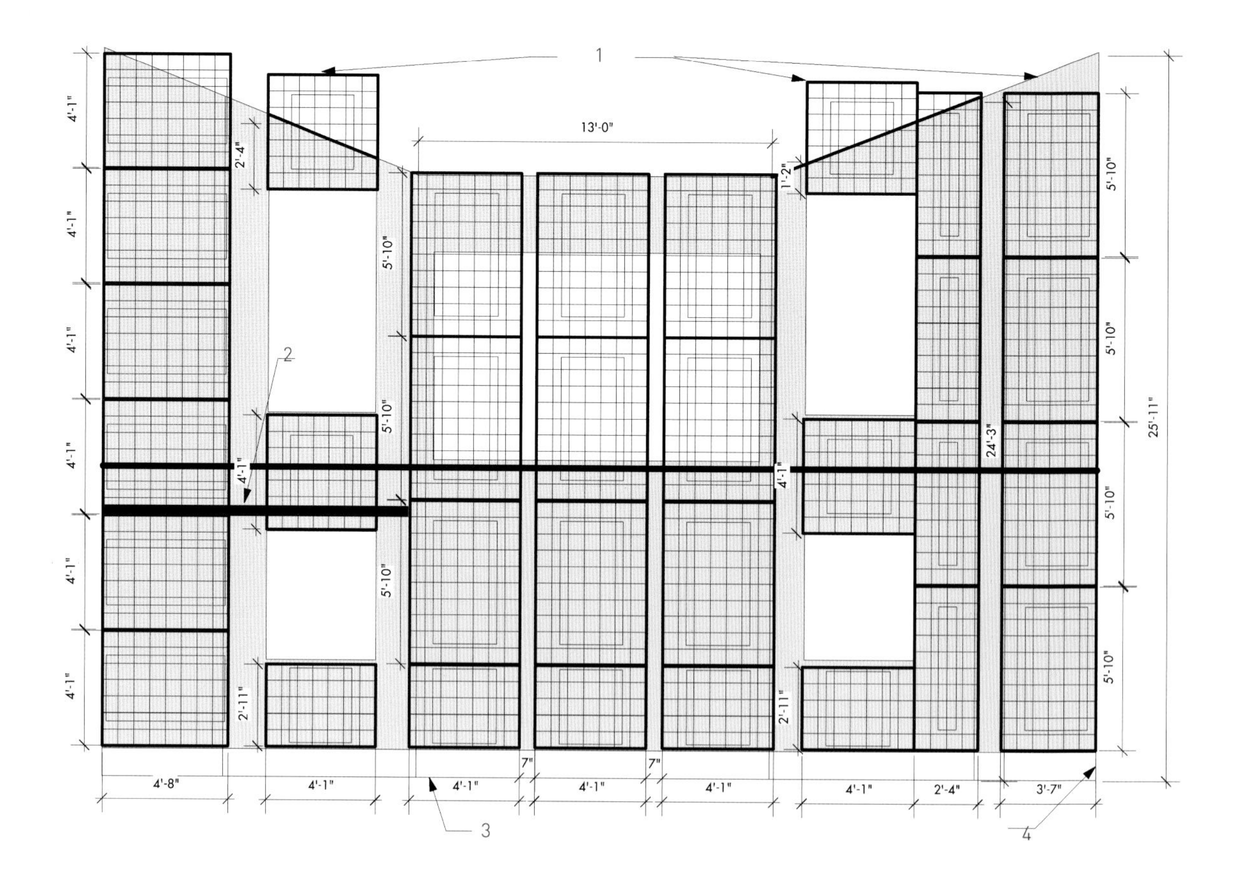

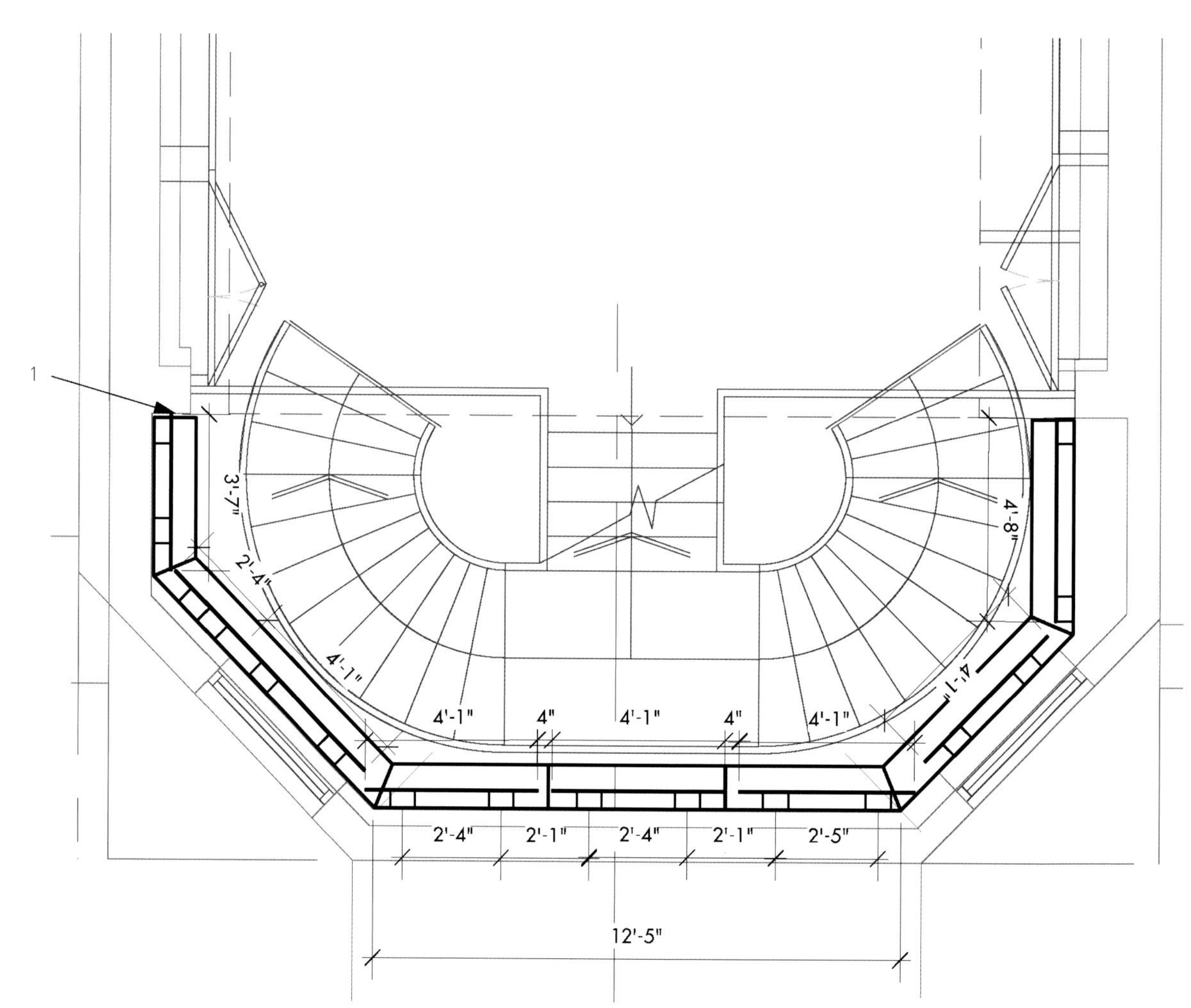

平面图

1. 水龙头和GFI双出水口

1. 巴西喜林芋（66 株）

心叶喜林芋是最容易在室内生长的热带植物之一，它能忍耐各种恶劣环境：稀缺的光照、贫瘠的土壤、不定期的浇水。高度：15 ~ 91 厘米；幅度：30 ~ 91 厘米；最低温度：16 ~ 27 摄氏度；光照：中等光照。

2. 月光喜林芋（36 株）

这种喜林芋开始为明亮的橄榄绿色，成熟后变成更深的黄绿色。明亮的日光会灼伤叶片。它不易开花，但是有白色的肉穗花序和粉红至红色的佛焰苞。花期可持续 4 周或更长。

3. 白金绿萝（66 株）

白金绿萝需要适度的水分，应定期浇水，但不要过量；高度：15 ~ 30 厘米；幅度：30 ~ 38 厘米；日照：略阴；危险：植物的各部分都有毒，应避免误食；触摸植物可能会引起皮肤过敏。

4. 吊兰（150 株）

吊兰是多年生草本植物，属百合科，喜阴，喜黏土和沙土，土壤最好为弱碱性壤质土。花朵呈白色，叶片呈斑驳色，高度 15 ~ 30 厘米，幅度 60 ~ 120 厘米。

5. 翠绿喜林芋（42 株）

这种喜林芋有象耳一样的大叶，叶片色彩亮丽。翠绿喜林芋能在阴处保持卓越的色彩，可种植在土里，也可作为室内装饰植物。

6. 霓虹喜林芋（66 株）

霓虹喜林芋十分容易生长，可修剪褪色或腐坏的叶片来促进新的生长，应远离暖气或空调。光照：低光照，喜阴；水分需求：每周浇水一次。

7. 菱叶白粉藤（66 株）

这种植物在室内极易生长。阳光直射会灼伤叶片，但是在亮光至半阴中，它能生长良好。它适合低于 30 摄氏度的普通室温，在两次浇水间应保持土壤干燥。

8. 常春藤（258 株）

五加科常春藤属多年生常绿攀援灌木，气生根，茎灰棕色或黑棕色，光滑，单叶互生；叶柄无托叶有鳞片；花枝上的叶椭圆状披针形，伞形花序单个顶生，花淡黄白色或淡绿白色，花药紫色；花盘隆起，黄色。

9. 波斯顿蕨（150 株）

一种常青蕨类，直立向上，高度、幅度均可达 90 厘米。喜明亮的非直射光，不喜日光直射，耐阴凉，土壤应保持潮湿。

孟买国际机场T2航站楼绿墙

地点
印度，孟买
设计
JKD 花园技术公司
面积
380 平方米
摄影
JKD 花园技术公司
植物
锡兰喜林芋

在孟买机场这种知名场所设计绿墙是一项既令人兴奋又充满挑战的任务。从设计、采购、安装到养护，方方面面都需要最高的国际标准。

因此，JKD 的园艺和景观设计经验为他们带来了优势和自信。一个全新的绿墙设计将为垂直花园提供必要的基础设施。花园不仅将具有可持续性，而且还只需要极少的维护。

结构优势、灌溉和排水是三个最重要的方面。设计师设计了新的花盆，它们将承装栽种介质，并且能轻易地隐藏在植物后方，保持垂直墙面上植物的连贯性。

在设计中，花盆的形状经过了特殊考虑，方便植物排列组合的频繁变化。100% 回收性聚丙烯材料被用于制造处置结构，它可以在垂直和水平方向扩张，形成任意尺寸的绿墙，并可实现滴灌。

独特的无土栽培介质使植物可以适应机场的室内温度。这些植物一直在监控之下，栽种在专为项目设计的花盆之中。所有介质都是 100% 可再生的。

植物的选择适应了室内环境，机场内有一定的自然光

照，同时也可使用少量的人工照明。

景观设计师和承包商一直为项目提供更新和咨询服务。植物“锡兰喜林芋”的广泛使用满足了室内垂直花园的所有需求。整个绿墙项目于12个月内完工。

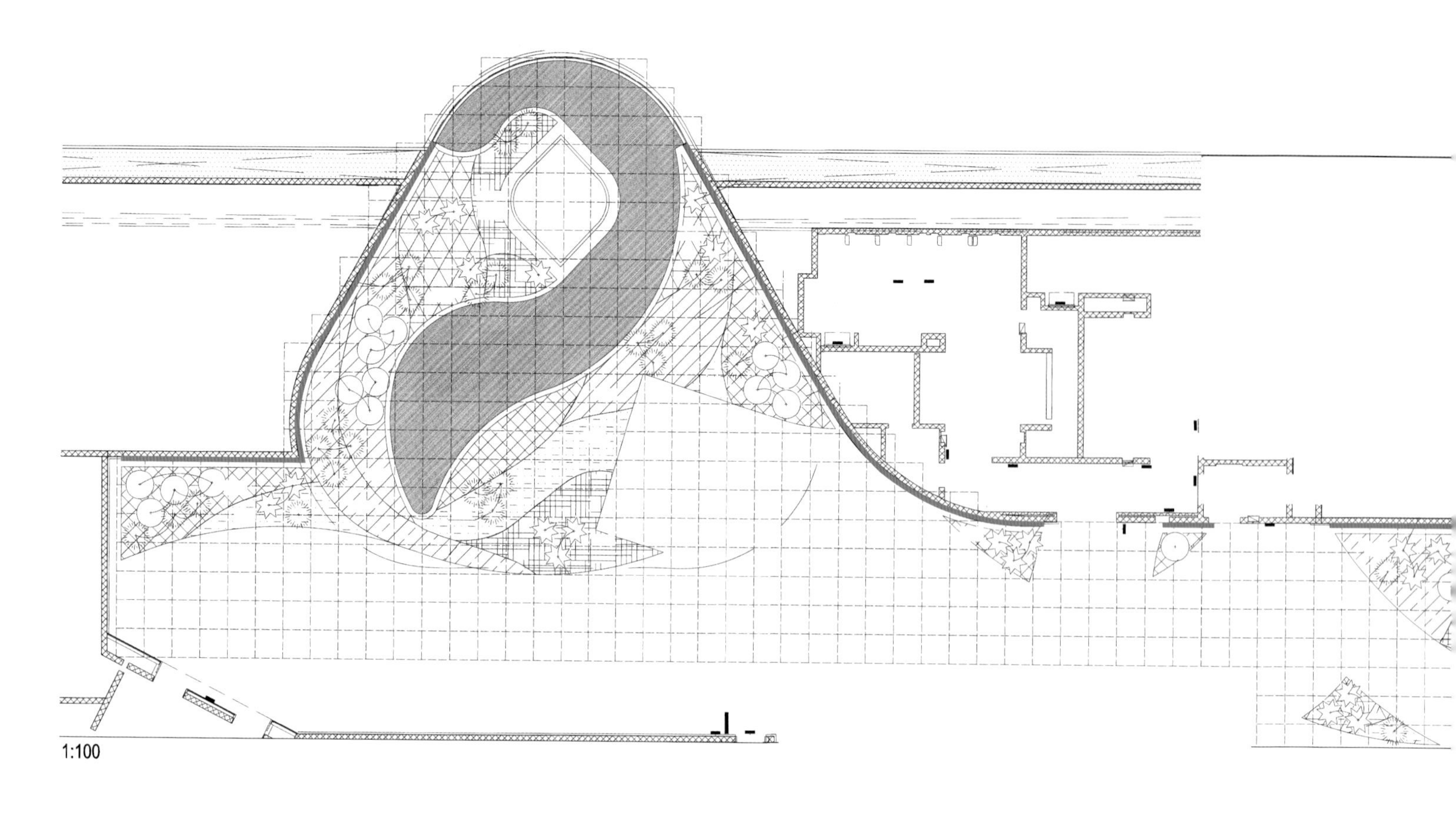

平面图

12 米高的大型棕榈树

7.5 米高棕榈树

4.5 米高棕榈树

4.5 米高阔叶树

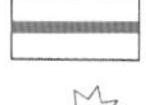
垂直绿墙

灌木丛

无下层植物的灌木丛

高于下层植物的灌木丛

锡兰喜林芋

锡兰喜林芋是一种来自泰国的杂交植物，有桨形叶，无后瓣。它是一种快速生长的攀爬植物，也是常见的室内盆栽植物。叶片呈亮黄色，有黄粉色叶柄，叶片可长至 13 ~ 23 厘米长，8 ~ 10 厘米宽。

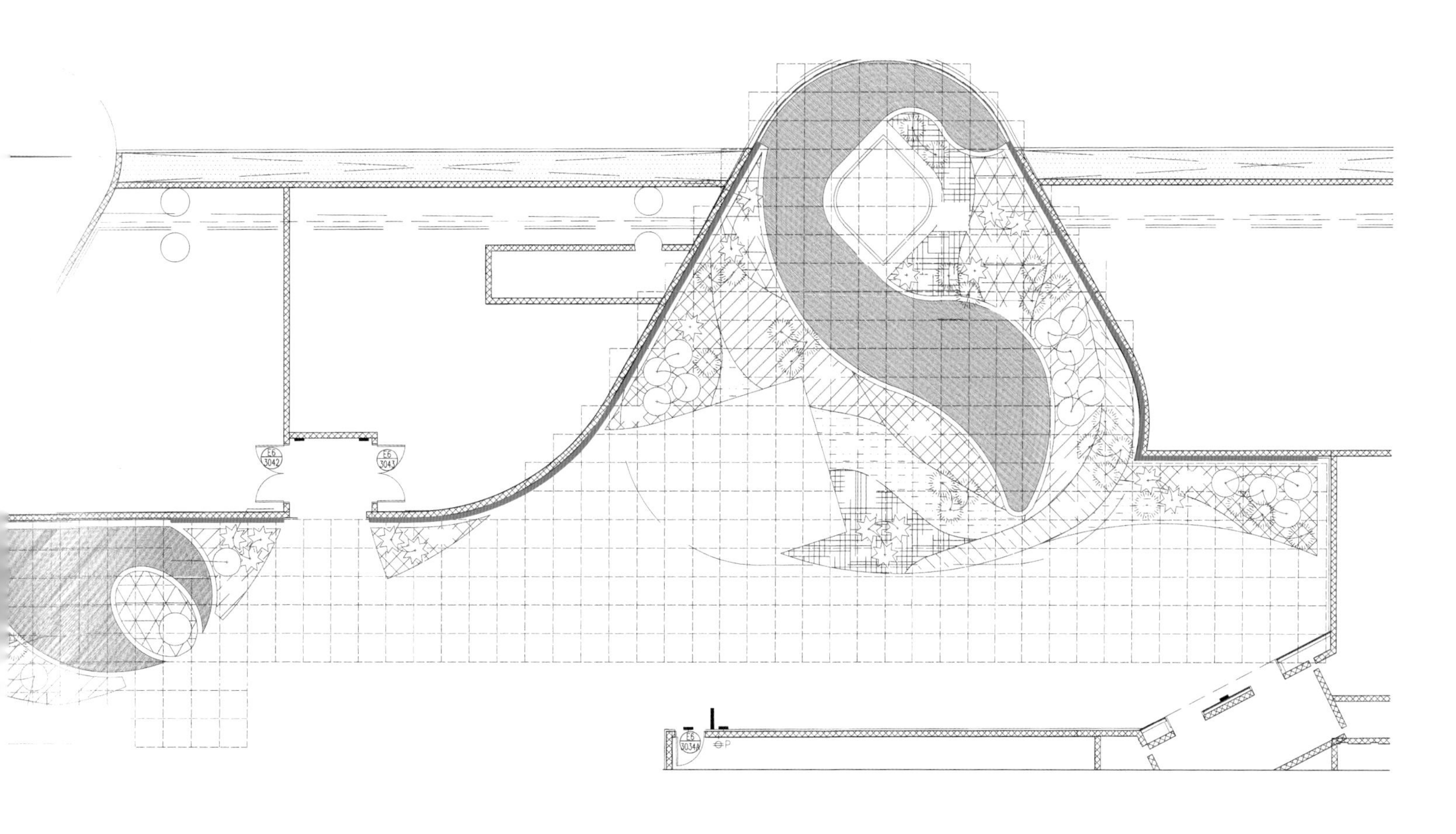
E6
3042
E6
3043
E6
3034A

地点
墨西哥，墨西哥城
设计
DLC 建筑事务所
摄影
DLC 建筑事务所

加西亚禅意花园

花园位于一座 18 世纪古宅的一楼，目前建筑已被改造成名为“加西亚仓库”墨西哥服装店的办公室。庭院里曾有一个废弃的喷泉，现在已被改造成一个让人能快速逃离繁忙工作的禅意景观花园。

办公室缺乏合适的对外窗口，所有窗口都朝向庭院。客户要求空间兼具“绿色花园”和多功能空间的功能。设计的理念是把“水平花园”改成“垂直花园”。由于庭院有两层楼高，垂直花园的高度将近 12 米，让楼上的人也能欣赏绿色美景。其余的硬质地面由花岗岩铺设，地面切割经特殊设计，给人以趣味感和灵活感。花槽和长椅的设计采用了同样的原则。粗加工钢板被弯折起来支撑长椅，其趣味化几何图形与地面设计相同。所有长椅和花槽的大小各不相同，便于挪动，凸显了个性、灵活的理念。由于建筑拥有近 150 年的历史，庭院的墙面同样采用了“粗加工”材料概念，将二楼的阳台与光线隔开，使其看起来仿佛悬在空中。

“绿墙”的两侧栽满植物，与二楼阳台板隔开，使光能穿过“绿墙”和阳台，营造出不同的风景和虚拟空间。

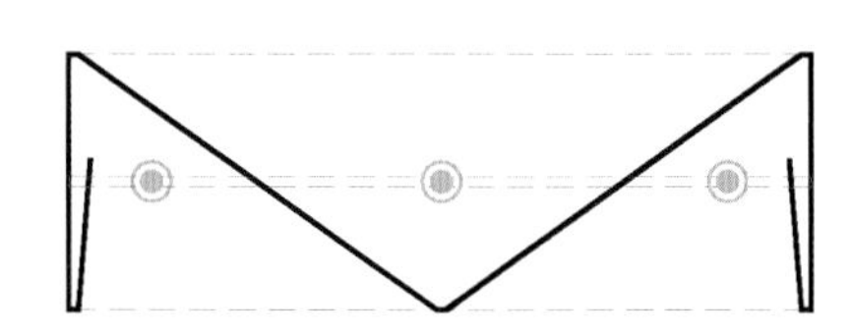

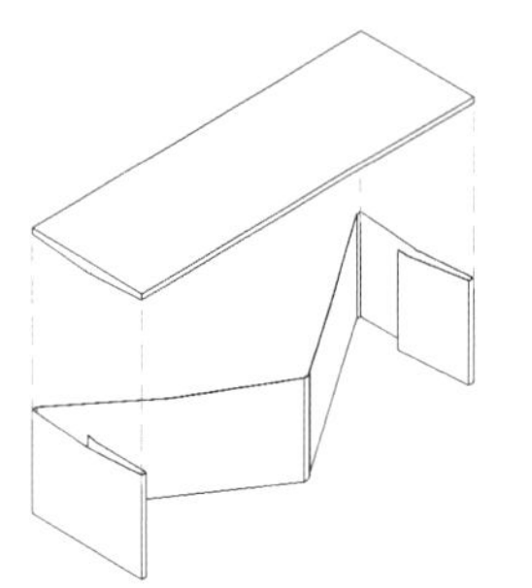

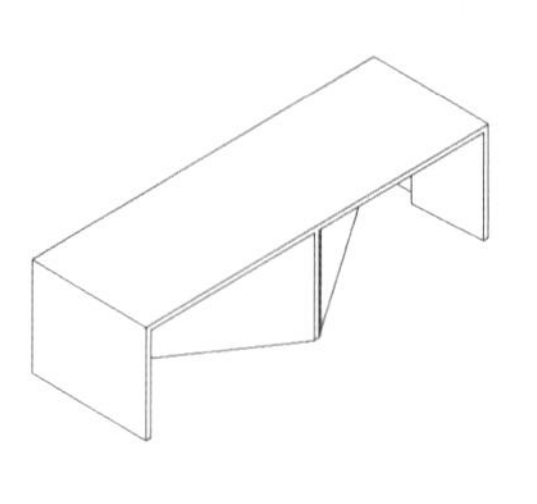

长凳

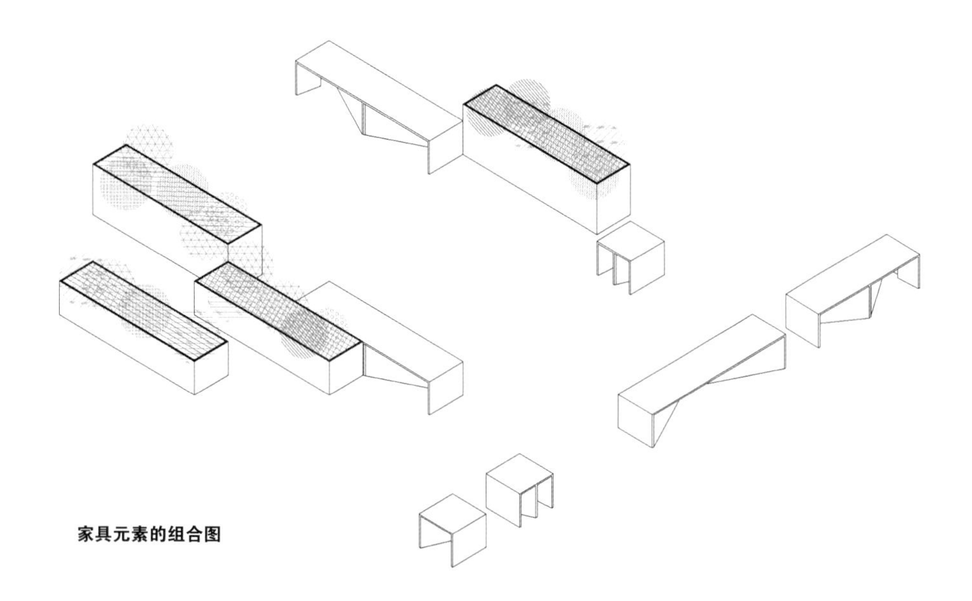

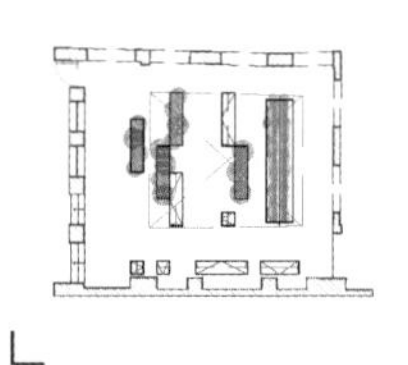

家具元素的组合图

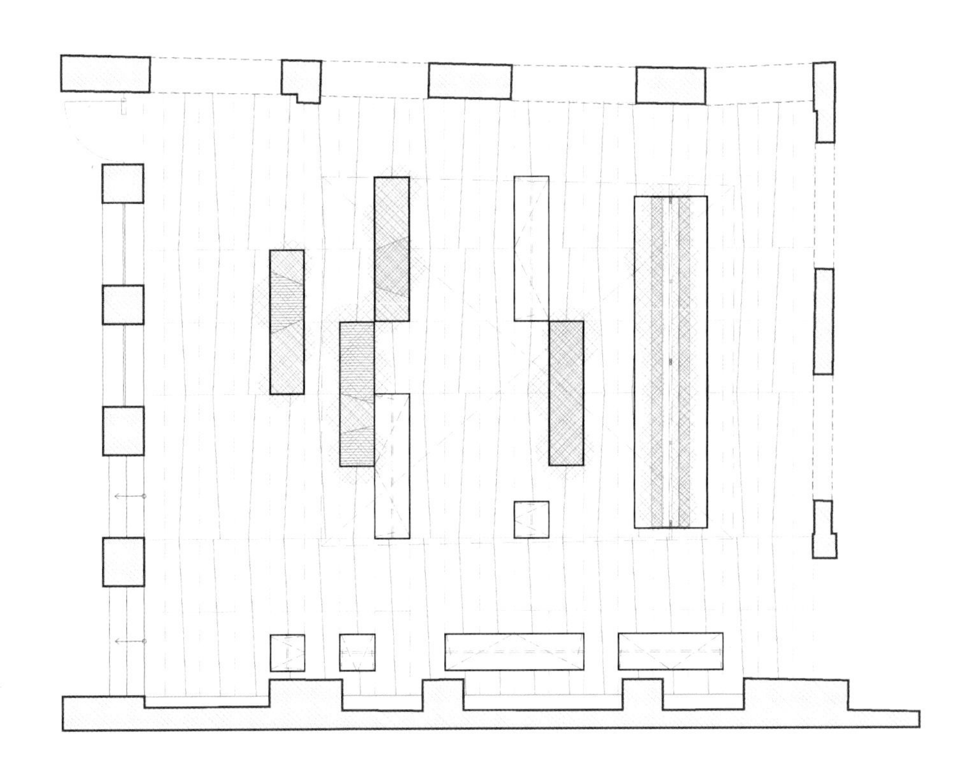

庭院平面图

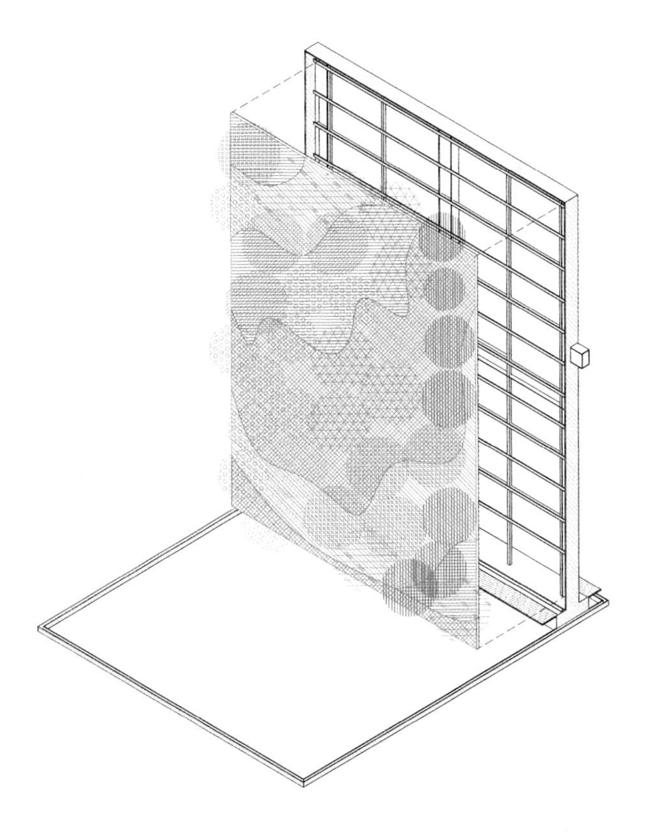

垂直绿化 3D 效果图

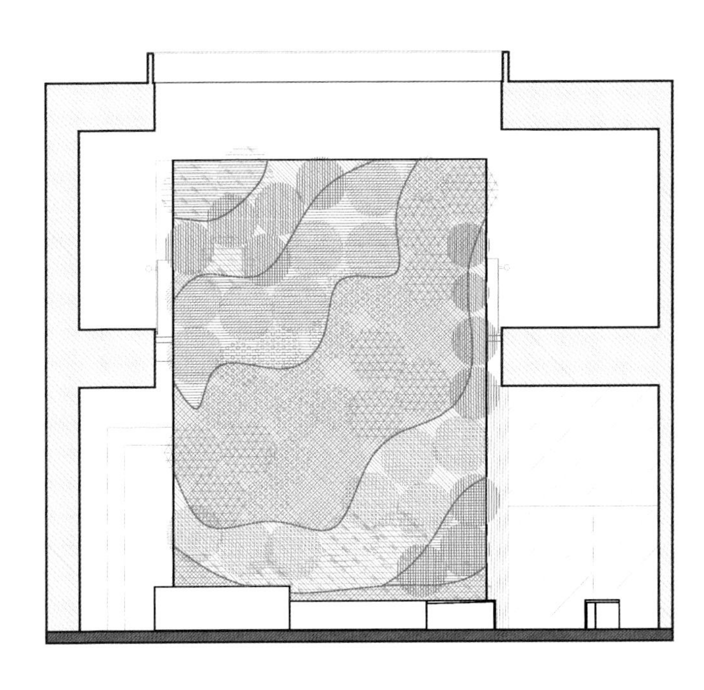

垂直绿化剖面图

地点

日本，大阪，北区

景观设计

STGK 景观事务所

施工单位

藤田工程公司（Fujita Corporation）

委托客户

大和株式会社（Daiwa Lease）

摄影

清水贵广

大阪丸之内大厦户外景观

丸之内大厦（Marubiru）始建于 40 年前，是大阪第一座摩天大楼。除了悠久的历史，其完美的圆柱形造型也是这座建筑成为大阪地标的原因之一。STGK 景观事务所受邀改造大楼外的一片开放式空间。设计采用了新型的墙面垂直绿化技术。

大阪的商业区，休闲空间总是稀缺的，树木和植物也不多。本案中，除了增加绿化覆盖率之外，STGK 还大胆采用了墙面垂直绿化技术，希望提升环境绿化质量。这是一种新型墙面绿化技术，与其他同类技术相比，有着更厚的土壤层，几乎可以说是“垂直的土地”，能为生活在城市中的人群营造出舒适宜人的花园环境。

设计将建筑墙面视为植物生长的土地。这片开放式空间的设计理念是“墙面——城市新的大地母亲”。圆柱形建筑的墙体改造成了绿墙，原有花池的边缘覆以光滑的可丽耐材料，对人体皮肤无害。部分墙面覆以一种传统的日本刷墙粉。这样，设计融合了新旧技术和材料，让这片开放式空间焕然一新，在城市与自然

之间建立了一种新的关系。

翻新改造之前，这里的大部分植物都是过度生长的灌木，主要是杜鹃花，环境显得粗粝、阴暗。植栽设计的目标是植物量大，种类繁多，季节分明，效果柔和。绿化共有三种类型，分别是：绿墙、圆形花池和外围的绿化带。

绿墙主要选用喜阴的植物，因为墙面的位置缺少光照。设计师在墙面栽种了大量植物，因为有垂直绿化新技术的保证，土壤层更厚，这些植物未来能生长得很茂盛。圆形花池共有五个，里面花卉种类繁多，彰显出环境的四季分明，叶片多姿多彩，让小广场显得色彩斑斓。外围的绿化带没用灌木，而是选用了各种各样彩色叶片的观赏性植物。

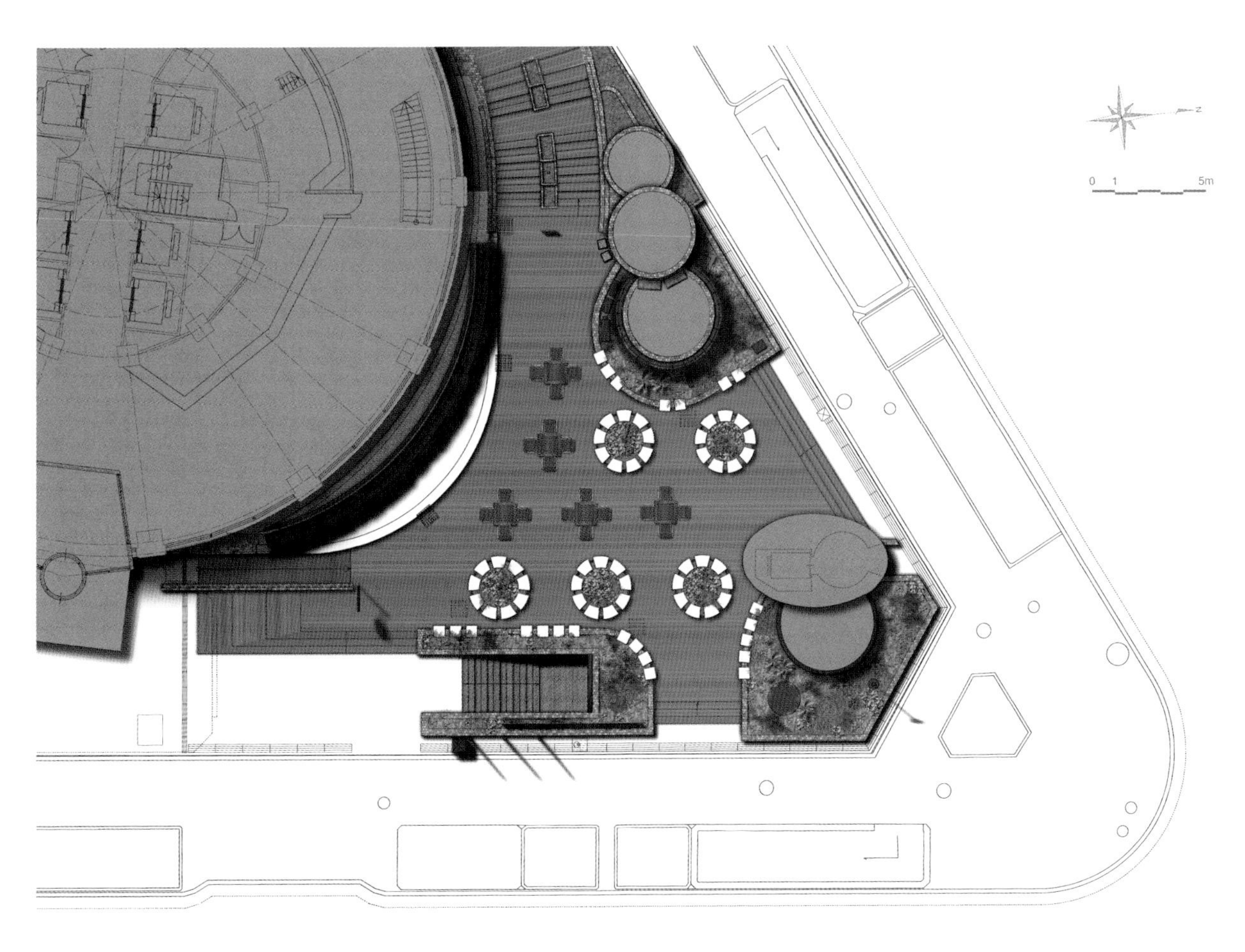

平面图

大阪マルビル
Daiwa House Group

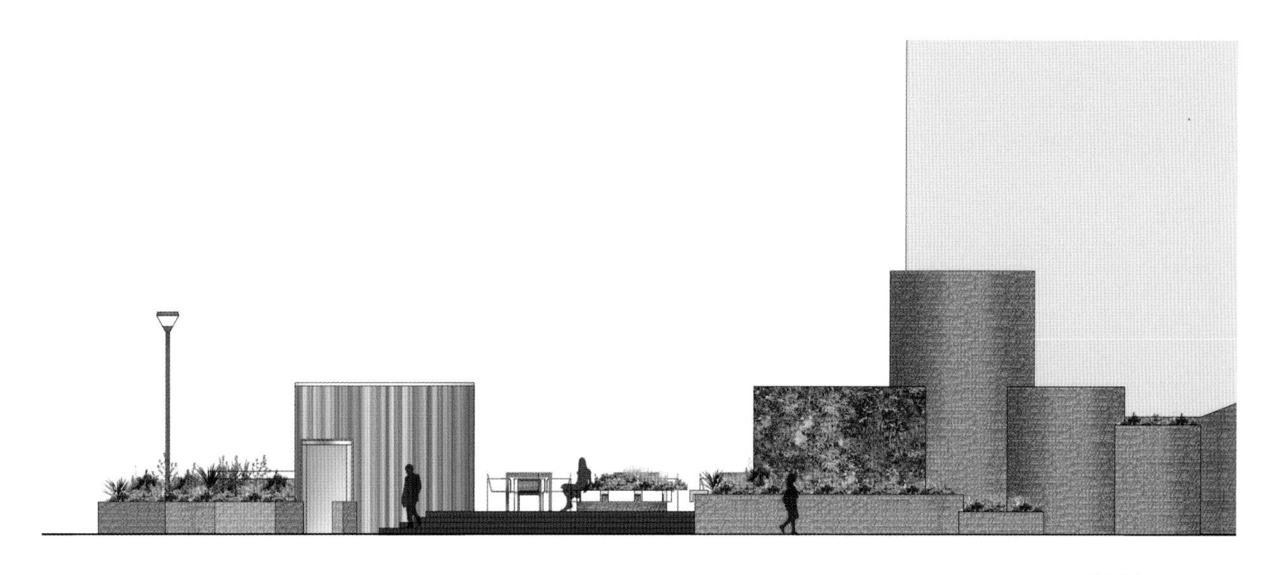

立面图

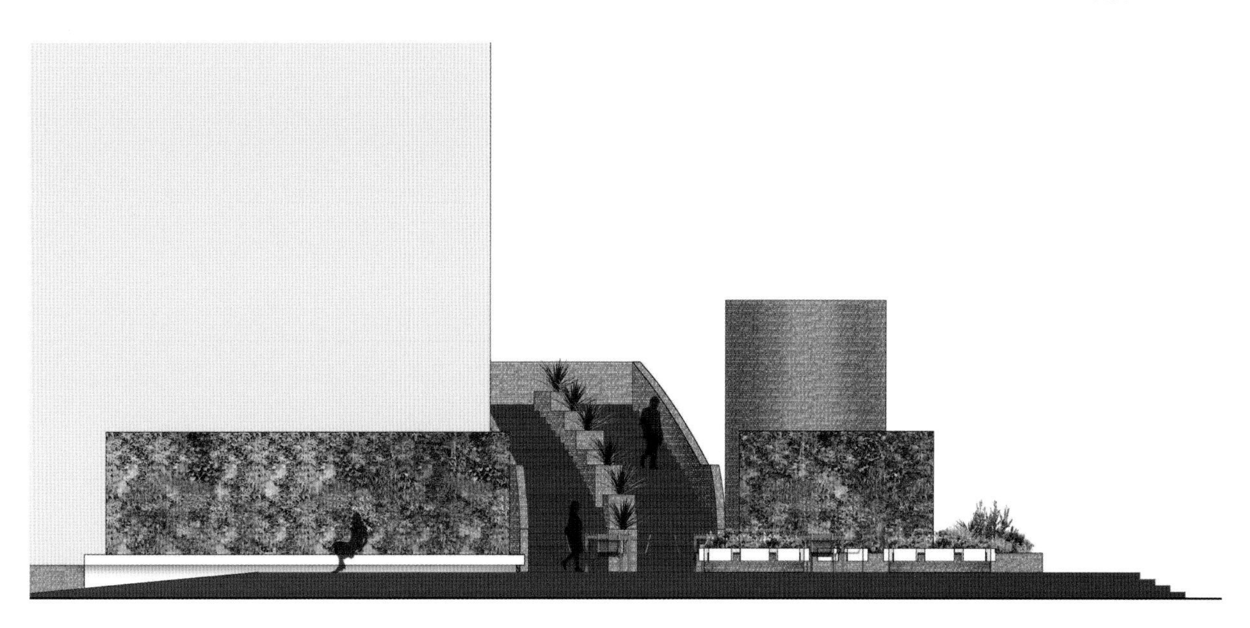

立面图

剖面图

1. 大吴风草

大吴风草是一种常绿植物，革质叶片，花朵为黄色，呈雏菊状。叶片无光泽，灰绿色，边缘易碎。适宜在潮湿的土壤环境生长，比其他植物更喜阳。

2. 银叶菊

银叶菊为菊科千里光属的多年生草本植物。适宜在凉爽的环境中生长，叶片呈银色、灰色，毛绒触感。高度可达0.6米，花朵为芥末黄色。较耐寒、耐旱，喜阳光充足的环境。

3. 桃叶珊瑚

绞木科常绿植物，喜阴。适宜在潮湿、充分灌溉的土壤中生长，充分生长的植物有很好的耐旱性。可以在一般甚至营养略贫瘠的土壤中生长。能够抵御大部分的城市污染物。要避免过度灌溉。

4. 短葶山麦冬

短葶山麦冬为多年生常绿草本。须根中部膨大呈纺锤形的肉质块根。山麦冬生性喜阴湿，忌阳光直射。有良好的耐热性、耐湿性和耐旱性。

5. 常春藤

常春藤属多年生常绿攀援灌木，气生根，茎灰棕色或黑棕色，光滑，单叶互生；叶柄无托叶有鳞片；花枝上的叶椭圆状披针形，伞形花序单个顶生，花淡黄白色或淡绿白色，花药紫色；花盘隆起，黄色。

6. 鹅掌柴

鹅掌柴是一种中型至大型常青灌木，原生于台湾的亚热带森林。“金卡佩里亚”品种的绿色亮叶有奶黄色的大理石纹样。它喜潮湿环境，半阳至半阴，喜肥沃、排水良好的土壤。一旦成熟，能忍受适度干旱和阳光，在修剪后能快速复原。

7. 苔草

苔草是一种几乎常青的装饰草，能增添梦幻造型，与大多数植物都能良好的融合。许多苔草都是原生植物，在林园中十分常见。

8. 蒙大拿玉簪花

叶片很大，呈条状，亮绿色，有奶油黄色的边缘。植物是向上生长的，叶片自然下垂。适合在半阴或全阴的光照条件中生长。土壤需要有充足的养分和水分。

9. 南天竹

南天竹是一种观赏性的常绿阔叶植物。原产于日本、中国和印度。适宜在中等湿度、得到充分灌溉的土壤中生长，喜阴。

10. 亚洲络石

亚洲络石是一种攀援地被植物。叶片成紫铜色和亮绿色，生浅粉和白色的花朵。喜阴，适宜在潮湿环境中生长，需要对土壤进行持续灌溉。对于土壤类型和酸碱度无特殊需求。可以承受都市污染。

地点

越南，会安

设计

武重义建筑事务所

摄影

大木博之

主要植物

光耀藤、玉蕊桃园蔺，以及少量绿竹

会安阿塔拉斯酒店

会安阿塔拉斯酒店坐落于会安的老城区，被联合国教科文组织（UNESCO）正式命名为世界遗产后，该地区的发展十分迅速。近期，城里的大多数古老建筑都被改造成商店或是餐厅，为每日涌入的客流服务。本案的建筑以其美丽的瓦片屋顶景观以及其内部庭院所形成的层次鲜明的独特空间感而闻名。然而，商业的不断扩张给这座老城带来了喧嚣，其独特的空间感也随之慢慢消失。老城失去了原有的安静而平和的生活方式。

阿塔拉斯酒店地处一个不规则地块，设计团队试图将这一缺陷转换成其独有的特色。整个酒店布局呈线型，设计团队将其分割成几个内部庭院，并把建筑举高，一楼空间被空出来，让庭院可以相互连通。这样的空间处理不仅展现了新会安的活力，同时又保留了老城的独有魅力。

酒店共 5 层，包括 48 间客房以及餐厅、咖啡厅、屋顶酒吧、水疗中心和游泳池等多个休闲空间。由于布局比较复杂，因此每个客房比一般的酒店客房都要更短

更宽。这完全不会造成任何问题，反而让每个客房无论在卧室还是在盥洗室都能接触更多的绿色。

建筑的外立面由本地砂石和混凝土板构成，走廊的窗口处则安装了一系列植物槽。植物槽的存在不仅为整栋建筑遮挡烈日，还能让空间更加凉爽、通风。此外，多孔石墙的运用起到提供日照、促进空气流通的作用。这些设计手法让酒店可以更好地利用自然通风，减少空调的使用。大量绿色植物和自然元素的运用不仅让这座老城重获活力，推动了社会的进步，更体现了阿塔拉斯酒店的核心：将人类与自然重新连接起来。

平面图

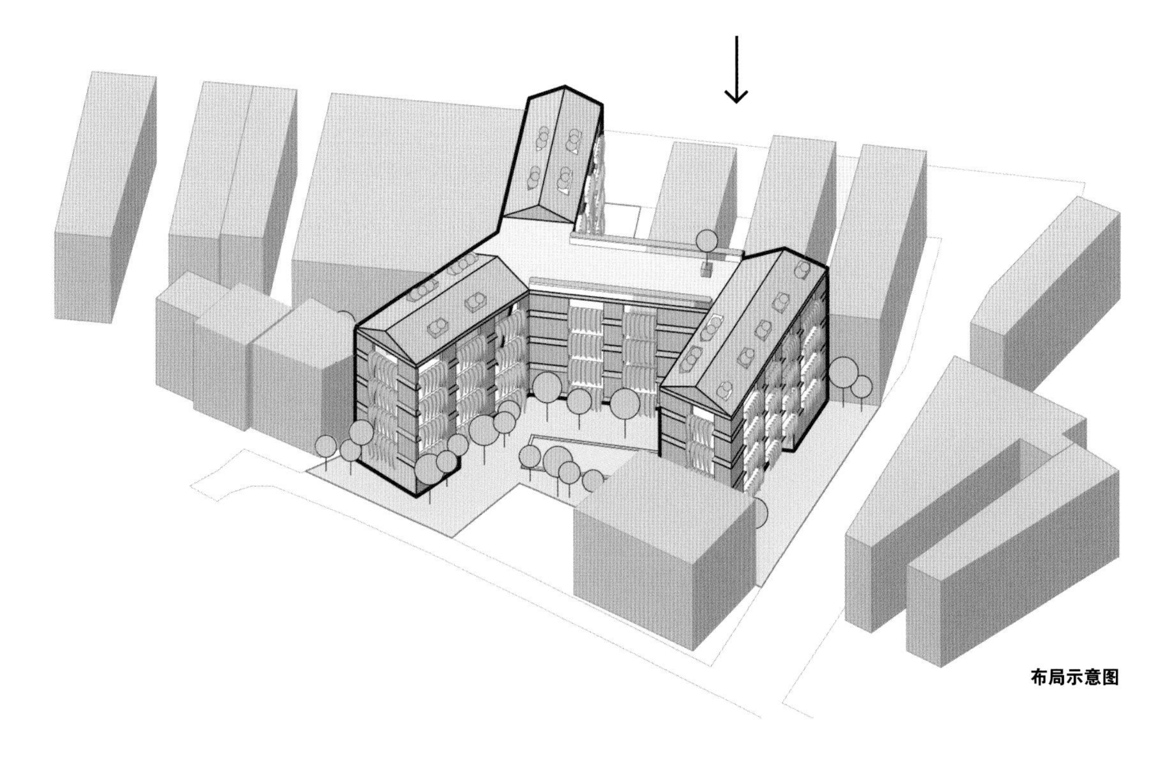
布局示意图

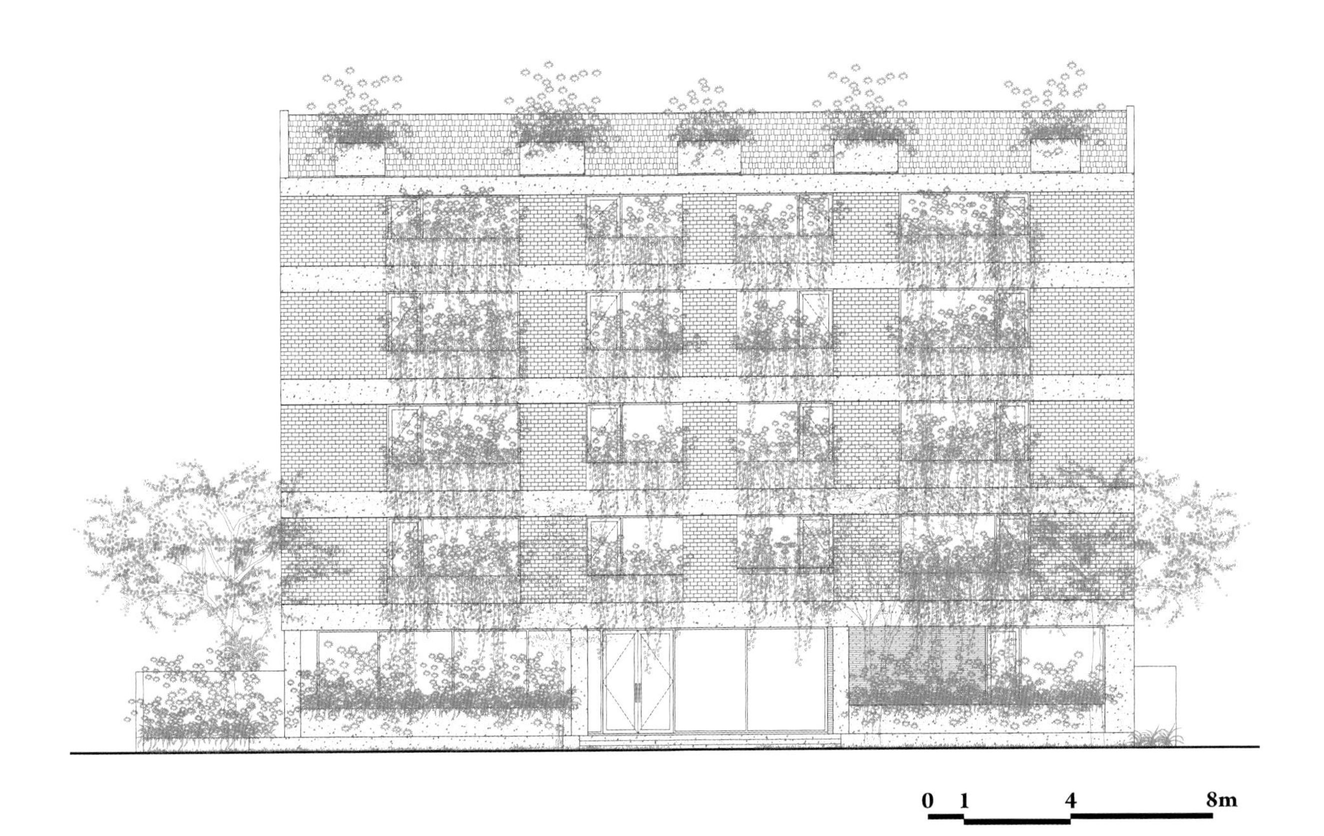

立面图

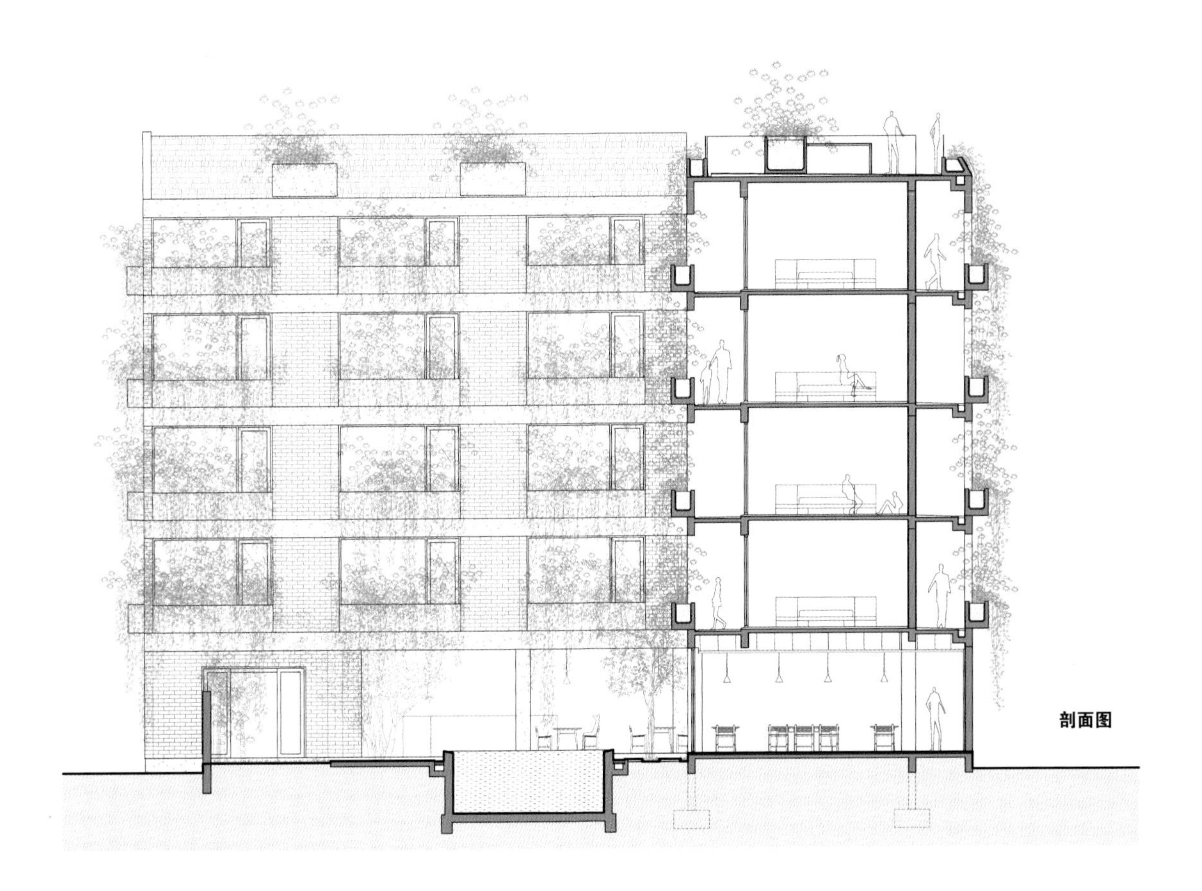

剖面图

地点

越南，岘港市

设计

MIA 设计工作室

摄影

大木博之

纳曼水疗中心

纯净水疗中心是岘港纳曼五星级度假村中一处宁静的绿洲。15 间极美的水疗室被郁郁葱葱的露天花园、浸泡池以及松软的双人日光浴床所环绕。在清凉的早晨，人们还可以在露天休闲花园里享受同样时尚的健身俱乐部的健身设施、冥想课和瑜伽课。一楼开放空间的休闲平台四周环绕着宁静的荷花池和空中花园。这是一个真正能触碰所有感官，让心灵归于平静的空间。

建筑设计公司 MIA 设计工作室巧妙地运用自然通风来保证建筑内部的清凉，让宾客拥有清爽的体验。本土植物的运用让每个水疗室都成为了治愈的环境，宾客们可以在私密空间里尽享奢华健康体验。

无可否认，植物不仅能起到通风效果，还能让人更贴近自然。纳曼水疗中心依越南中部的阳光海岸而建，天气多变。因此，建筑所选用的景观植物必须是能抵抗暴风的品种，例如棕榈树、银毛树、龙血树等。

除此之外，阔苞菊、绿萝、使君子等攀爬植物也作为绿毯被种植起来，它们能缓解日光带来的热度。这些植物不仅能提供阴凉、色彩和香气，还能为建筑营造

出独特私密的氛围，给人以个性化体验。这些光滑的攀爬植物与藤架一起，在黎明和黄昏的日光下，营造出迷人的光影效果。

不同区域之间连接流畅，美丽的景观为人们营造出梦幻般的体验。外墙的网格图案与垂直景观相间，景观过滤了强烈的热带阳光，在纹理独特的墙面上留下宜人的光影。各种各样的植物精心搭配，形成了建筑屏风的一部分。

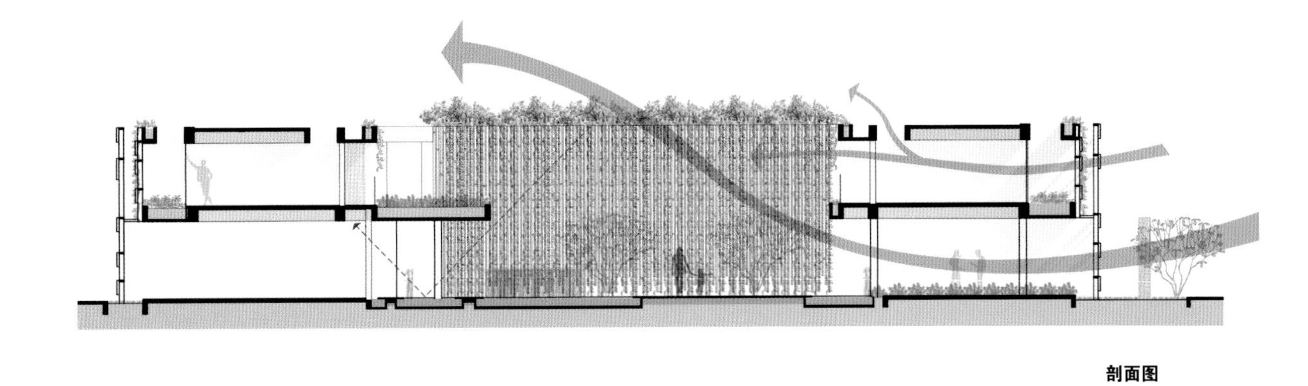

剖面图

立面图

示意图

1. 绿色屋顶
2. 绿化带
3. 中庭
4. 露天大堂
5. 垂挂植物
6. 遮光栅格 - 绿植层
7. 遮光栅格 - 结构层

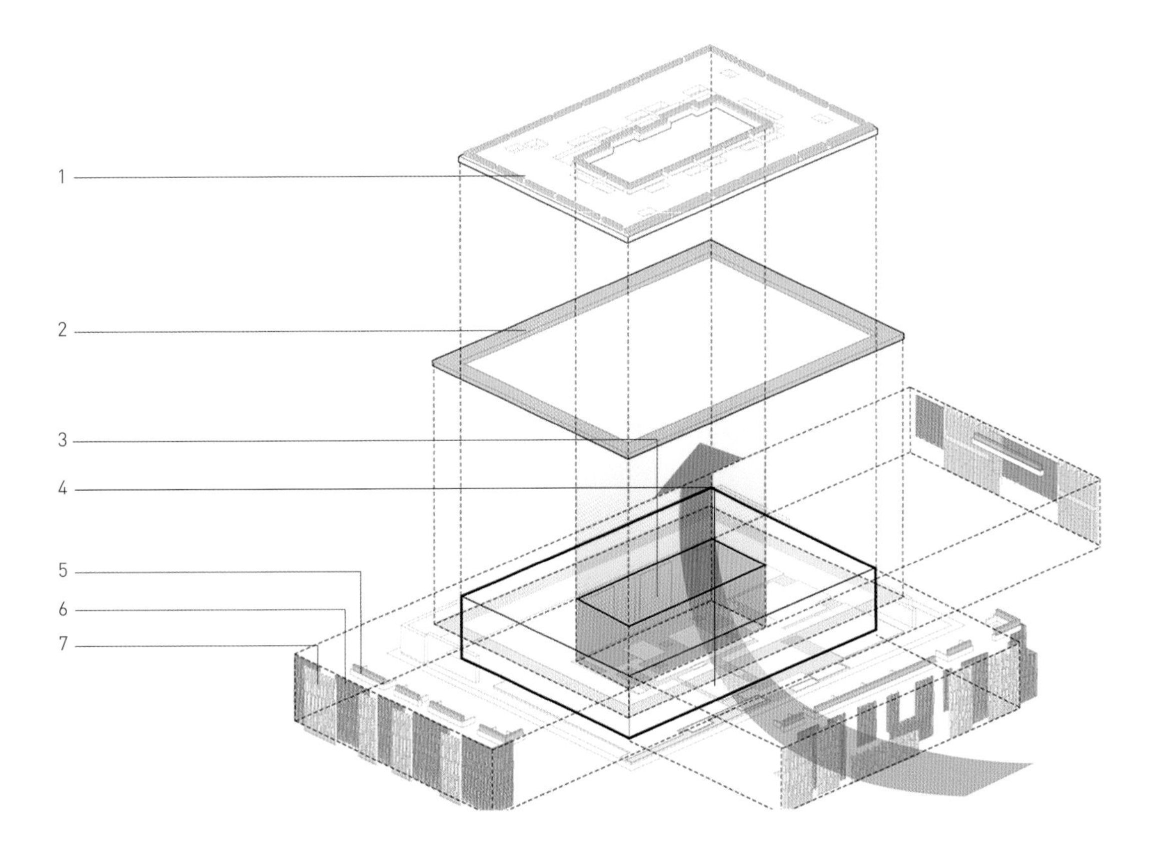

地点

新加坡

设计

WOHA 公司

委托人

新加坡信息通讯艺术部

新加坡艺术学校

项目综合了专业艺术高中和演艺中心，同时也为身处热带的新加坡的密集市中心带来了一股清风。新加坡艺术学校的整体设计不仅为学生提供了一个安全、有启发性的学习环境，还为公众提供了能愉悦身心的场所。

建筑底座包含音乐厅、戏剧厅、黑盒剧院和若干个非正式的演艺空间。为了提升城市的活力，沿着外侧人行道设置了一排商铺，并且在茂密的大树下打造了一个市民露天剧场。不同层次的集会空间相互联系，保证了简单的通风和舒适度微环境，无障碍通道贯穿了整个建筑。

教学楼之间采用了通道来实现自然通风。平台顶部的花园能阻断热气，吸收二氧化碳， 提供阴凉的户外休息空间和游乐区。绿墙能阻隔刺目的日光和灰尘，保持教室清凉，减少交通噪声。这些无缝连接的室内外空间拥有舒适的微环境，让不同规模的群体不必离开校园的安全环境就可以相互交流、休闲互动。

垂直绿化的安装：

1. 选择合适的攀爬植物

在具体设计之前，景观顾问利用 8 种不同的攀爬植物进行了长达 5 个多月的实体模型试验，用于决定哪种植物在生长速度、覆盖均匀度和繁殖形式上最适合种植。最终，大花山牵牛的效果被证明是最佳的。

2. 植物槽的布置

为了保证墙面绿植覆盖的连续性，每层楼都设置了预制植物槽，让植物仅需攀爬 4.2 米（1 层楼）的高度，即可与另一株植物相连。

植物槽和网格在水平方向交错，在垂直方向连续，使得攀爬植物从指定的路线从底层爬到 5 楼的屋顶。

3. 综合排水与灌溉管道

所有灌溉和雨水管道都隐藏在预制植物槽的底部，设在植物槽间预制边石的下面。这些边石还能保护物体不会滚落到走廊板的边缘。

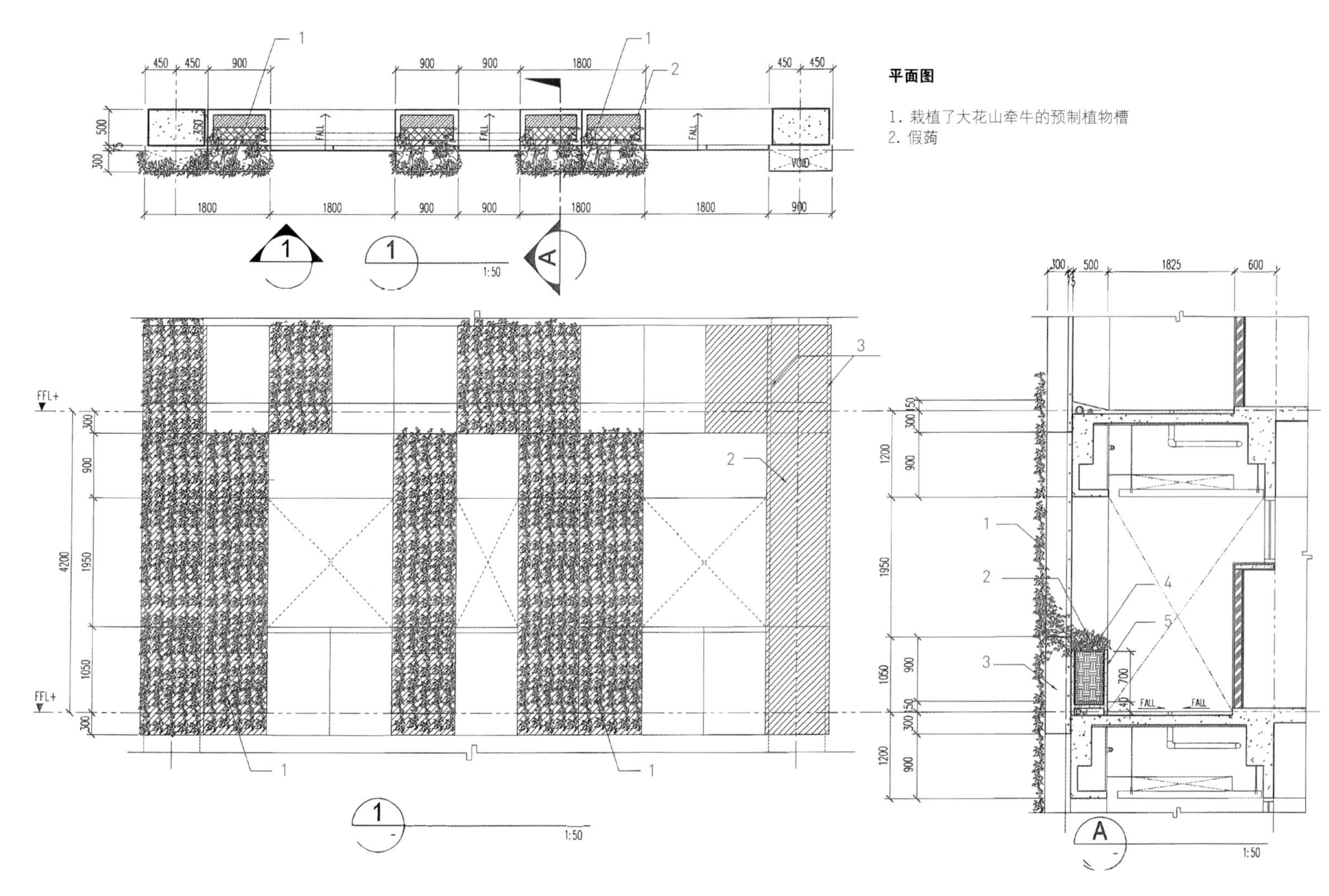

平面图

1. 栽植了大花山牵牛的预制植物槽
2. 假蒟

立面图

1. 栽植了大花山牵牛的预制植物槽
2. 扩张金属网
3. 立柱

立面图

1. 扩张金属网
2. 栽植了大花山牵牛的预制植物槽
3. 铝板
4. 假蒟
5. 预制植物槽

1. 假蒟

假蒟是一种多年生草本植物，拥有攀爬根和条纹茎，可生长至40厘米高。它的叶子薄而呈心形，长8～10厘米，宽8～11厘米，从叶片根部伸出5根主叶脉，叶片上表面有脂腺，下表面有微小的绒毛叶脉。

2. 大花山牵牛

大花山牵牛是世界上最醒目的蓝色开花藤蔓植物，生命力顽强，悬挂的长度可达90厘米，天蓝色漏斗形花朵从秋天开到春天，与浓密的深绿色叶子相得益彰，可以通过藤架或格架形成美丽的景观。

sota
SCHOOLOFTHE
ARTSSINGAPORE

地点

新加坡

设计

WOHA

摄影

阿尔伯特·林、K·科普特、PBH 摄影

新加坡绿洲酒店

新加坡绿洲酒店矗立在新加坡建筑密集的中央商业区，宛如一座翠绿的高塔，是热带城市土地集约利用的典型。与那些从西方温和气候中进化出来的细高、封闭的摩天大楼不同，这座热带“生活塔”呈现出一种截然不同的时尚工艺。

为了与独特的办公、酒店和俱乐部空间相呼应，WOHA 打造了一系列不同的平台层，每个都配有自己的空中花园。这些高楼上的平台层为酒店在高密度城市空间里提供了大量的休闲和社交互动空间。

酒店大楼拥有独特的内部空间和动态视野，而不是依赖于外部景观来实现视觉效果。每座空中花园都被处理成城市走廊，一侧被空中花园所遮蔽，另一侧则保持开放，凸显通透感。开放空间还让微风得以穿过建筑，实现了良好的空气对流。这样一来，公共区域变得实用、舒适，热带空间郁郁葱葱，自然光照和新鲜空气取代了封闭的空调房。

建筑的表面处理大量运用了景观元素，在室内外均形成了项目材质的重要组成部分。建筑的整体绿色容积

oasia hotel

率达到了 1,100%，是鸟类和动物的天堂，再次为城市引入了生物多样性。这个绿化比例是一个惊人的数字，它弥补了周边 10 座建筑所欠缺的绿化。建筑的红色铝合金网格包层被设计成背景，21 种不同的攀爬植物附在其表面，各色花朵和绿叶交相辉映，为鸟类和昆虫提供了食物。攀爬植物形成了拼花，每种植物都被种植在最合适的光、影、风环境中。摩天大楼没有采用平顶，而是选择了一个热带式凉亭结构冠于楼顶，鲜花盛开，柔和多姿，充满活力。

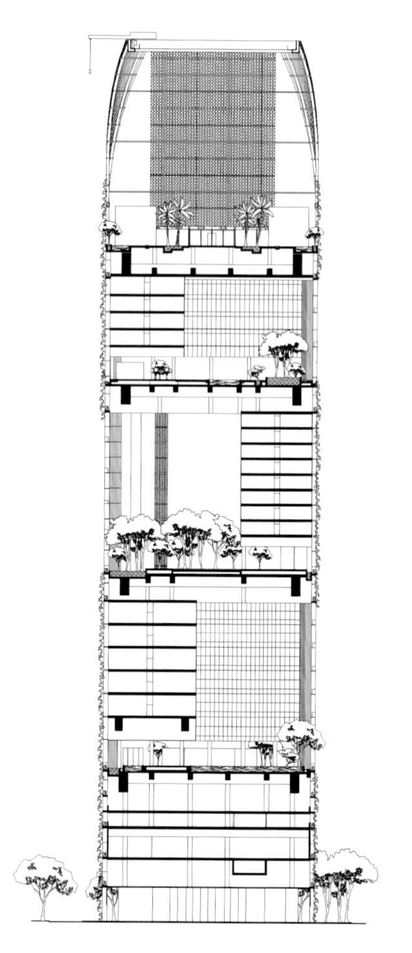

剖面图

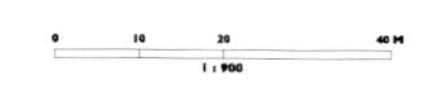

oasia hotel

地点
澳大利亚，墨尔本
设计
Fytogreen 设计公司
墙面
1326 平方米
垂直花园
400 平方米

医疗保险大楼

建筑共有 18 层，紧邻南十字火车站，是澳大利亚维多利亚省首座该类型建筑，在表面覆盖了绿墙、绿色屋顶和垂直花园。医疗保险大楼将为绿色建筑定下一个全新的标准。Fytogreen 受委托为位于墨尔本达克兰的医疗保险大楼的绿墙、绿色屋顶和垂直花园进行整体的研究、开发、设计和建造。

人工垂直绿化——400 平方米

Hassell 建筑事务所提出了 2 × 200 平方米的垂直花园概念，花园的设计与安装则由 Fytogreen 设计公司完成。花园设在位于布鲁克街 720 号的东南侧入口的两侧，共有 11,600 种植物参与其中。在正式实施之前，Fytogreen 让这个垂直花园在遮阳棚里预先生长了 5 个月。因为这面东南向的墙壁只能得到少量的晨光，其余的时间都保持阴凉。

自然垂直绿化—1326 平方米

自然垂直绿化由 520 个种植盒组成，每个种植盒都在

Fytogreen 的萨默维尔场地预先种植，然后被运输并安装到建筑的 1 至 16 层。每个种植盒的尺寸为 6 米 ×6 米 ×6 米。在植物的预生长时期，只在攀爬架底部的 1/3 安装种植盒，之后才陆续将余下的部分装满。设计师在试验田中选取了 6 种攀爬植物，包括狭叶络石、白花凌霄、粉花凌霄、糙叶千叶兰、千叶兰和束蕊花。绿墙装饰了建筑的三面，必须适应 1 ~ 16 层的不同环境挑战。

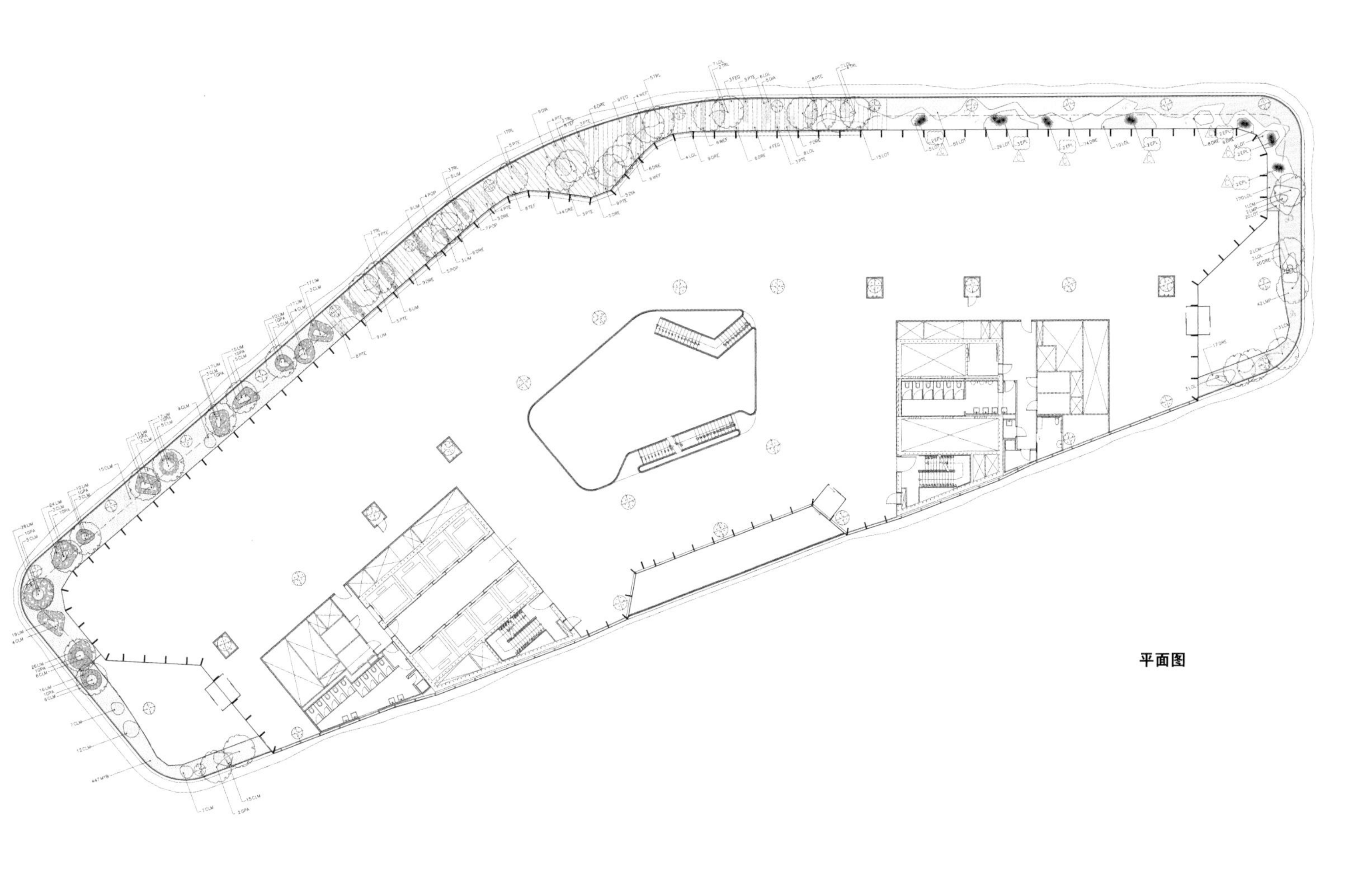

平面图

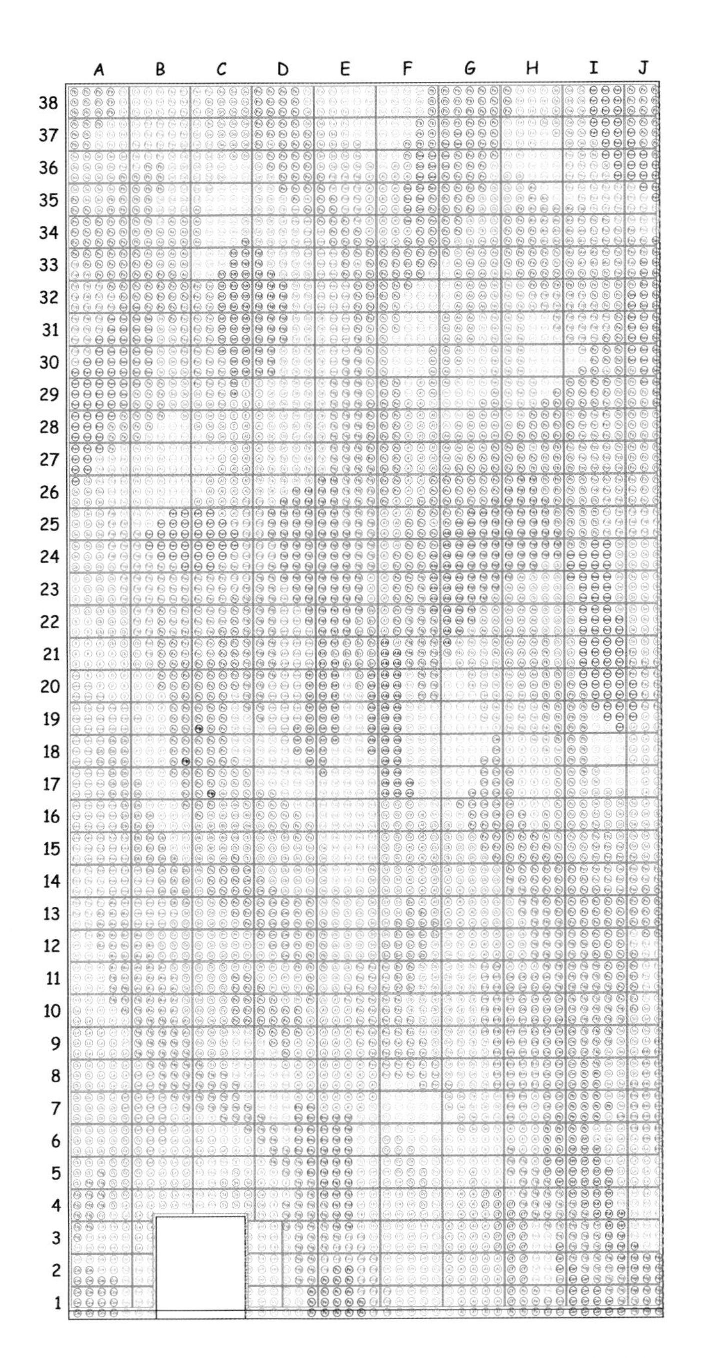

植物设计

1. 束蕊花

束蕊花是一种生命力相当顽强的攀爬植物，可长至2～5米长，叶子呈椭圆至倒卵形，长3～9厘米，宽1～3厘米。这种植物可以承受各种环境，在全日照下最容易开花，但是在半阴处也能生长。它喜欢排水适当的土壤，至少可以承受轻度的霜。

2. 糙叶千叶兰

糙叶千叶兰是一种常青攀爬植物，可长至2.5米长，其花为雌雄异株，不能自体受精；适合沙土、壤质土和黏土，喜土壤排水良好；适合酸性、中性和碱性的土壤，可以在半阴（轻林地）或无阴处生长，喜潮湿的土壤。

3. 千叶兰

千叶兰是一种落叶攀爬植物，可长至5米，在8～9月开花，种子在9～10月成熟；适合沙土、壤质土和黏土，喜土壤排水良好；适合酸性、中性和碱性的土壤，可以在半阴（轻林地）或无阴处生长，喜潮湿的土壤。这种植物可以承受海风。

4. 粉花凌霄

粉花凌霄是一种常青、顽强的木质攀爬植物，可以在大多数潮湿和排水良好的土壤中生长（酸性土壤亦可），喜日照或半阴。充足的阳光能让它开花繁盛。作为一种雨林攀爬植物，它会向阳生长。

5. 白花凌霄

白花凌霄是一种顽强的攀爬植物，羽状叶有3～7片小叶，叶片可长至15厘米长。它适合任何排水良好的土壤，喜日照或半阴。它充满活力，可快速攀爬至最高的树木。它喜欢稳定的供水，但是一旦长成，就能适应较长的干旱期。

6. 狭叶络石

狭叶络石的花有茉莉的香气，因此又被称为星茉莉。它常青的叶子使其成为出色的攀爬植物，喜欢阳光充足、有遮挡的地点。它在排水良好、中等至高等肥度的土壤中长势良好，喜中性至碱性土壤，但是在弱酸性土壤中也能生长。植物需要全日照或半阴，应避免冷风、干风。

地点
新加坡
设计
WOHA 公司
摄影
PBH 摄影

牛顿公寓垂直绿化

这座 36 层高的建筑是一个对热带高层生活的环境解决方案研究案例。设计将多个可持续手段融合在一起组成了现代建筑组合，为城市的天际线添加了一个具有可持续特征的现代摩天楼。

建筑位于高楼区的边缘，正对一片建筑限高区，因此享有丰富的自然美景，这在建筑密集的新加坡是一种奢侈的体验。

建筑的外层使用了遮阳元素，具有纹理的面板和凸出的阳台共同构成了兼具实用性和美观性的外墙。横向的金属遮阳网能过滤灼热的热带阳光。成角度的金属网既能遮阳，又能实现与地面的视觉连接。随着观察的角度，它不断变化，时隐时现。光影与金属网相互交错，搭配建筑外墙的图案，使得建筑在一天不同的日照下不断变幻。

遮阳网还改变了飘窗给人的感觉，使其看起来更加美观。凸出的空中花园和阳台与遮阳网相结合，形成了独特的室外生活环境，高处的位置和专为热带气候的设计为其带来了充足的空气对流。

建筑高于地平面，因此远离了临近街道的噪声污染和不良的视野。即使是最低层的住宅单元都能前有自然保护区的美景，后有公共景观平台。这种设计也实现了开发商利益的最大化，因为高层单元的价格更高。架高的建筑还为地面层提供了更大的下客区，茂盛的绿色景观从建筑底部向上延伸，让景观区域的面积更大。

建筑每层有 4 户住宅，可居住的阳台被处理成室外起居室，朝向自然保护区和市中心。服务区被隐藏起来，在单元背面朝外设置。尽管住宅单元密集层叠，但是前面阳台和后面服务区之间的空气对流搭配被动式环境墙面特征，保证了住宅在热带环境中也无需机械制冷。

景观作为一种素材融入了设计之中，包括屋顶绿植、空中花园和绿墙。爬藤遮阳被应用在空白的墙壁上，给人以愉悦感，它能吸收阳光和二氧化碳，在密集的城市环境中生产氧气。大多数水平和垂直表面都添加了景观设计，总景观面积达到了 130%（110% 的植物）。树木为停车场提供了阴凉，从每隔 4 层的空中花园伸出，并且在屋顶平台上为建筑“加冕”。地面停车场的能耗要远低于地下停车场，并且，停车场被爬藤植物团团围住，能吸收汽车尾气。100 米的绿墙上布满了大花山牵牛。停车场屋顶上的俱乐部配有健身房、蒸汽浴室、派对区和 25 米玻璃边缘游泳池。

空中花园和绿意为用户带来了完美的景观体验，让热带的室内外生活伸向天空，为无力购买地面独栋住宅的人们提供了新的选择。公共空中花园为每个电梯大厅都增添了愉悦感，让等电梯的时间变成与新鲜空气、树木和天空的短暂接触。两个屋顶阁楼均包含配有绿廊的游泳池。

公寓和公共区域所添加的环境元素与建筑相结合，形成了独特的热带建筑，既实现了新加坡绿色城市的愿景，又为居民提供了良好的宜居环境。

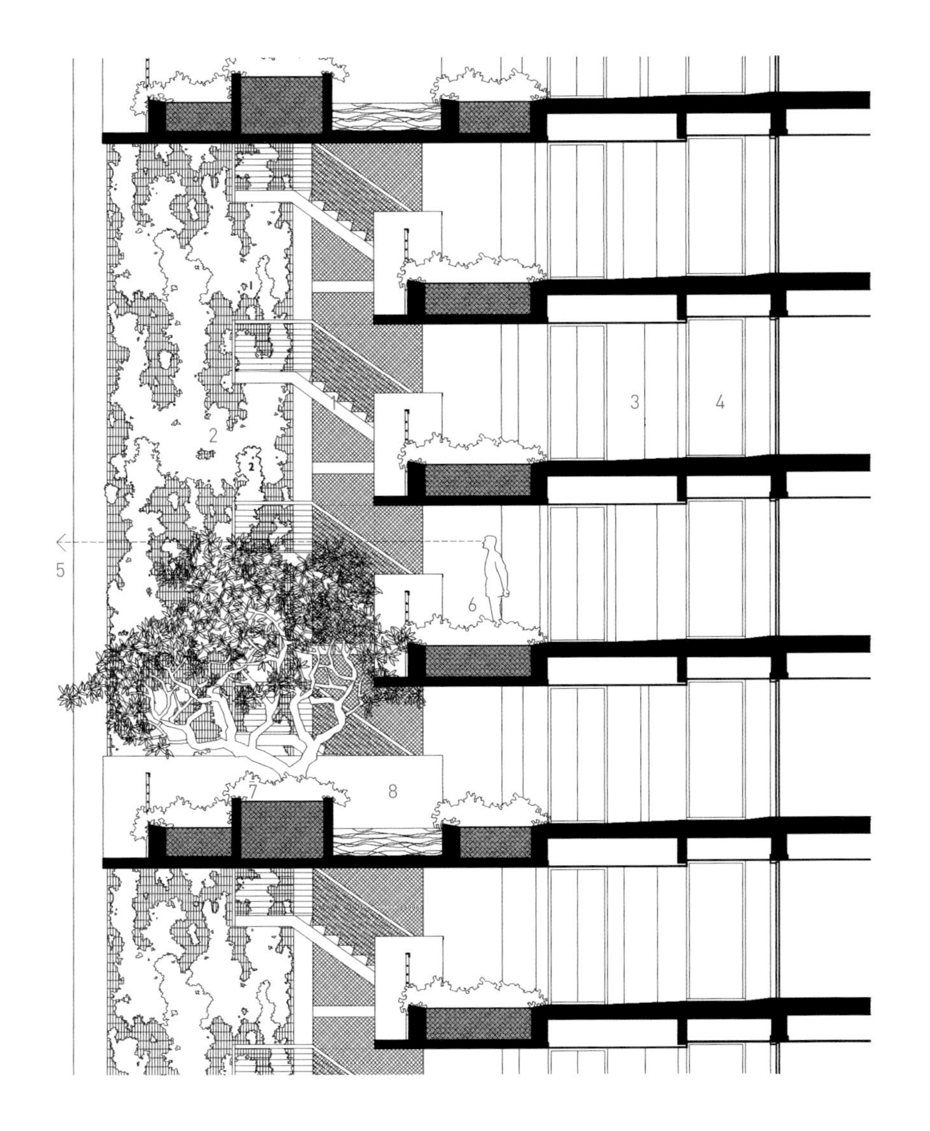

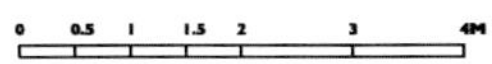

剖面细节图

1. 外部楼梯
2. 攀爬植物墙
3. 大堂
4. 入口
5. 观景阳台
6. 小型空中花园
7. 大型空中花园
8. 水景

地点
澳大利亚，墨尔本
设计
Fytogreen 设计公司
面积
1700 平方米

建筑师
Squillace 公司
委托人
Salvo 地产集团

白金公寓

白金公寓是一座 52 层的公寓住宅楼，有 438 个独立公寓，大小从一室至四室不一。建筑同时还配有游泳池、水疗中心、健身房、似然餐厅和俯瞰整个城市的空中休息室。建筑结构包含 9 层停车场和 170 个自行车停车位。

2016 年 4 月，澳大利亚 Fytogreen 设计公司为位于墨尔本南岸区域的白金公寓设计了一面绿墙。绿墙为城市建筑带来的诸多益处，尤其是大大减少了建筑的能源消耗。它还比传统的垂直花园减轻了许多重量。

为了白金公寓项目，Fytogreen 设计公司在公司的萨默维尔培育中心预先种植了 200 多个花槽的植物。这一预生长耗时 9 个多月，而 Fytogreen 之前所推荐的生长期长达 12 个月，他们希望花槽在安装前达到完全绿植覆盖的程度。

墙面装置的每个托盘由 5 个品种的植物构成，包含爬藤植物和地被植物，它们将以自己的方式爬上格架，保持建筑全年的凉爽和恒温。但是，绿墙的最佳观赏时间是初夏，那时植物会大面积开花。种植托盘安装

剖面图

1. 与窗扇的中竖框对齐的落水管
2. 垂直绿化支撑机构
3. 1880 毫米宽、1532 毫米高的大型植物面板
4. 50 毫米厚的护根层
5. 植物生长基质
6. 2000 毫米长、800 毫米高、650 毫米宽的低密度聚乙烯塑料植物槽
7. 蓄水层
8. BIDIM A14 轻质土工织物
9. 排水扣
10. 灌溉管

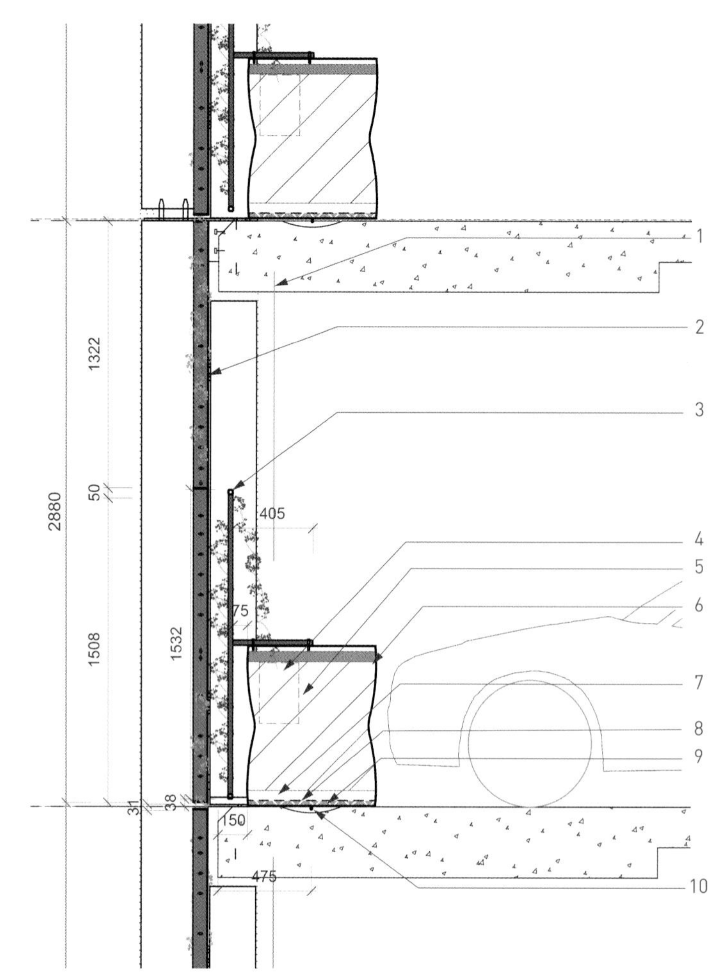

在西北两侧的墙面上，保证了植物得到最大程度的日照，同时也能防止过多的阳光照到建筑表面。

除了为建筑提供清凉效果之外，这一可持续装置还能起到防护作用，保证居民和访客的人身安全。Fytogreen 的独特种植系统在难以到达的位置设有便于安装的叉车吊点。

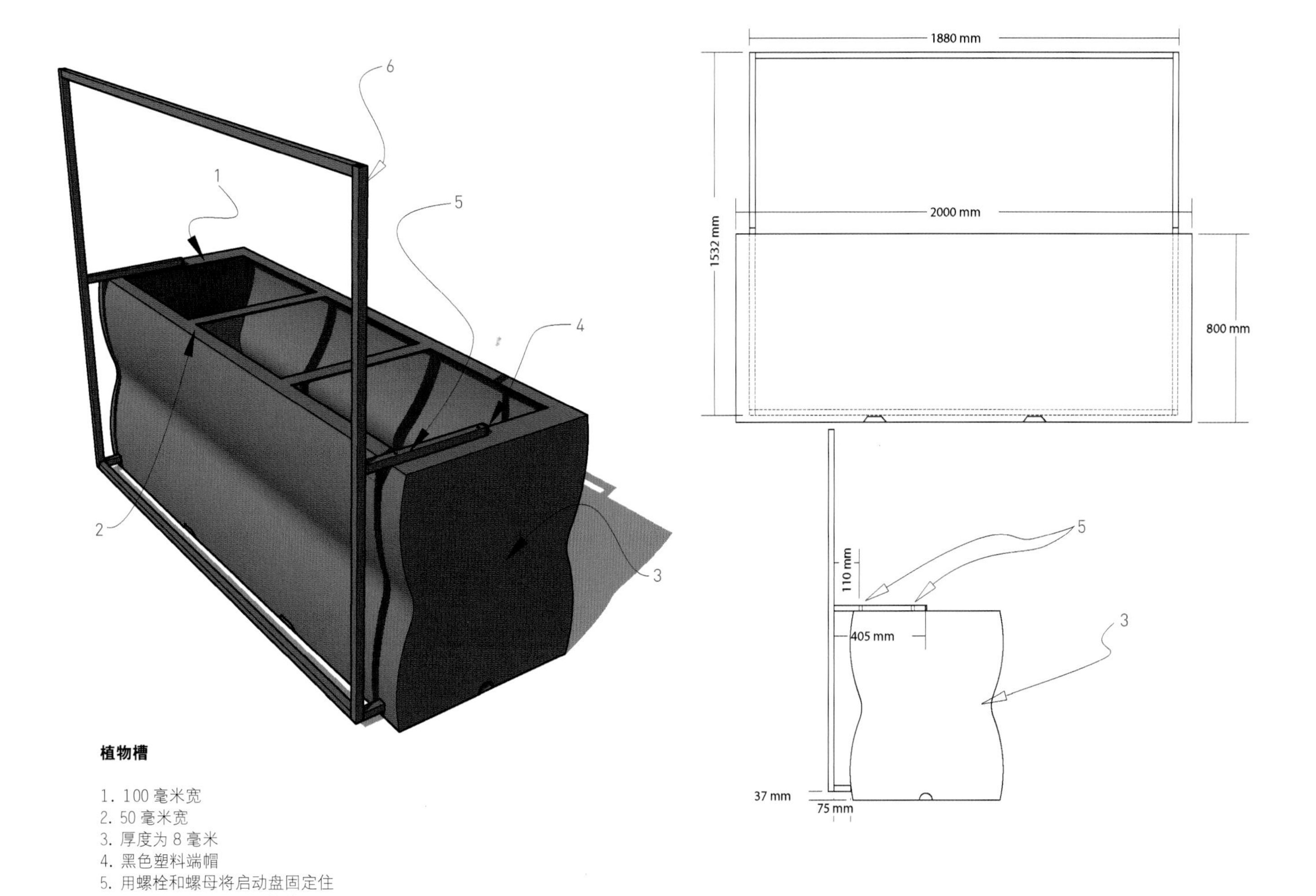

植物槽

1. 100 毫米宽
2. 50 毫米宽
3. 厚度为 8 毫米
4. 黑色塑料端帽
5. 用螺栓和螺母将启动盘固定住
6. 25 SHS Duragal 空心结构

1. 束蕊花

束蕊花是一种相当有活力的攀爬植物，可长至 2 ~ 5 米长。它的椭圆至倒卵形叶长 3 ~ 9 厘米，宽 1 ~ 3 厘米。它在全日照下开花最好，但是在半阴环境中也能生长，喜排水良好的土壤。

2. 粉花凌霄

粉花凌霄是一种常青木本爬藤植物，在潮湿且排水良好的土壤中生长良好（酸性土壤也可），喜全日照或半阴。充足的阳光对开花有利。作为一种雨林爬藤植物，它会向上生长接触阳光。粉花凌霄可忍受较为潮湿的环境。

3. 络石藤

这种美丽而富有活力的常青藤蔓植物全年都能散发出独特的香气。它可以用附着根在树干上攀爬 12 米高，几乎能到达树顶。它能驱虫，易于养护，耐旱，且有好闻的香气。

地点

新加坡

设计

Tierra 设计公司

面积

6109 平方米

摄影

埃米尔・苏尔坦

海洋金融中心

海洋金融中心的空中热带花园设计在建筑结构与外墙框架之间的间隙空间里。位于 39 ~ 43 层的垂直景观在建筑与自然之间搭起了一座桥梁，提供了郁郁葱葱的绿色环境。这些区域为办公楼空调房里的用户提供了休闲与放松。与建筑结构空间的硬表面相对应，景观设计柔化了线条，给人以亲切之感。41 层的高大树木打造出有趣的比例，而拥有不同质感和色彩的植物则给人以生机勃勃的视觉享受。

在其他楼层，景观在 41 层包围了 2 层楼高的立柱，在 42 和 43 层形成了 1 层楼高的立柱，为办公空间营造出垂直的绿色平面，也给背后的城市景观线镶嵌了一道绿边。垂直花园由 1.5 米高的花槽组成，轻质网状结构上种植着快速生长的大花山牵牛，保证了满满的绿色覆盖。醒目的紫色花朵和大绿叶为互动花园空间增添了热带氛围。绿柱底部丰富的开花植物和多彩的绿叶灌木为有限的景观空间带来了生机勃勃的感觉。

在 43 层，绿柱与垂直花架相融合，在空中形成了一个绿色凉亭。间距统一的垂直花槽里种植的藤蔓植物覆

盖了整个花架，为空中花园的访客带来了柔和的绿色华盖。所有种植区都安装了自动灌溉施肥系统，通过控制的滴嘴，植物能得到缓慢、稳定和珍贵的水分和养分。低施用量让水分渗入土壤介质中，可以被植物根系通过毛细管作用充分吸收。花槽配有雨水感应器，在雨季能切断人工灌溉。这些措施保证了水分与植物需求的精确匹配，让植物茁壮成长，保证了海洋金融中心高层城市花园的繁茂。

在不同的楼层，一系列热带花园景观、露天通道和座椅提供了独特而清爽的办公环境。建筑结构与外墙框架之间的景观空间模糊了自然环境与建筑环境之间的界限。

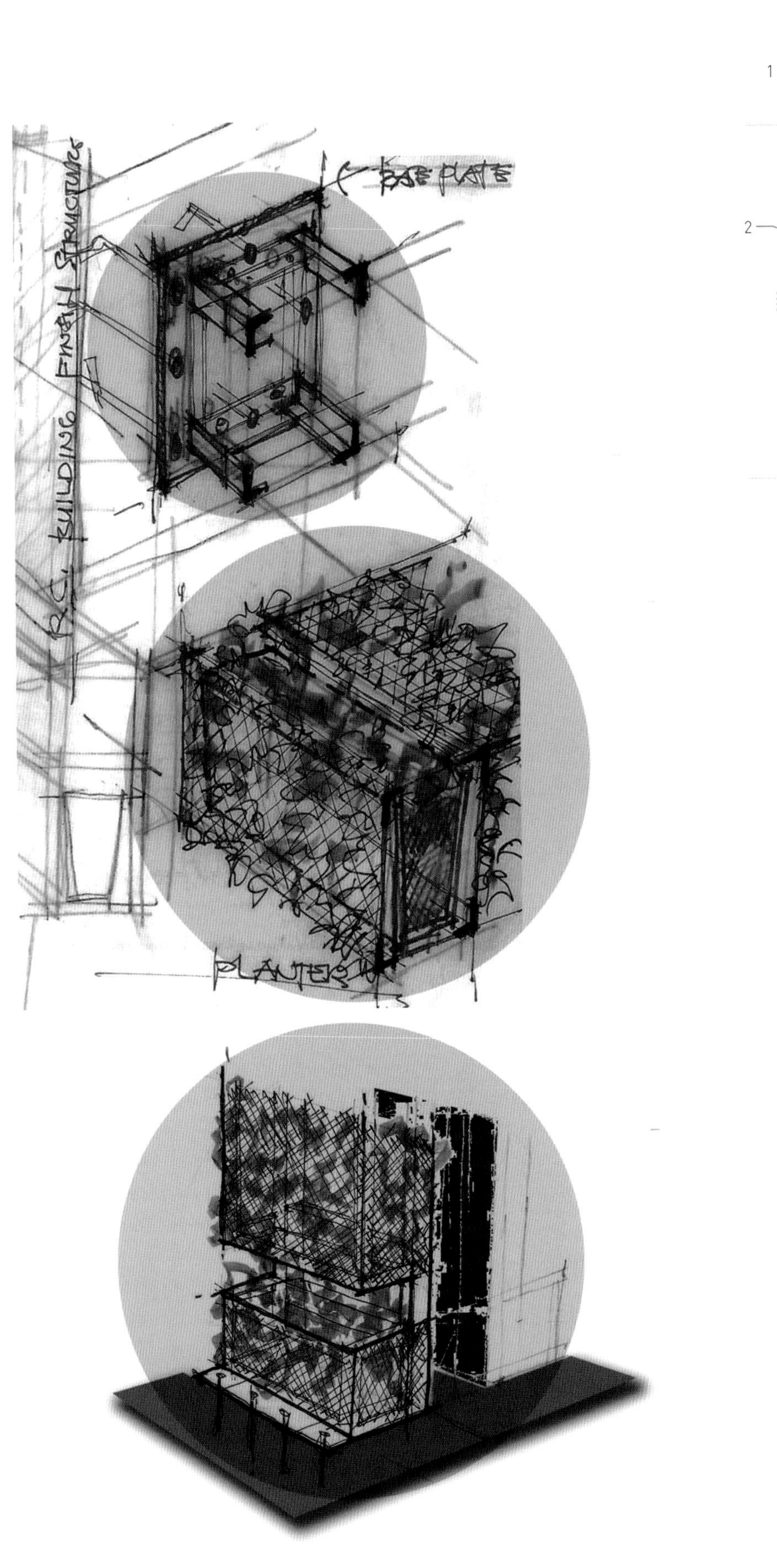

概念手绘图

6050

5000

1750 6050

1145 475

350 400 350

1:100 5

1:100 4

剖面图

1. 玻璃纤维植物槽
2. 在缆线上攀爬的植物
3. 550 毫米 x300 毫米 × 50 毫米花岗岩盖
4. 550 毫米 x600 毫米 × 50 毫米花岗岩侧板
5. 泄水管

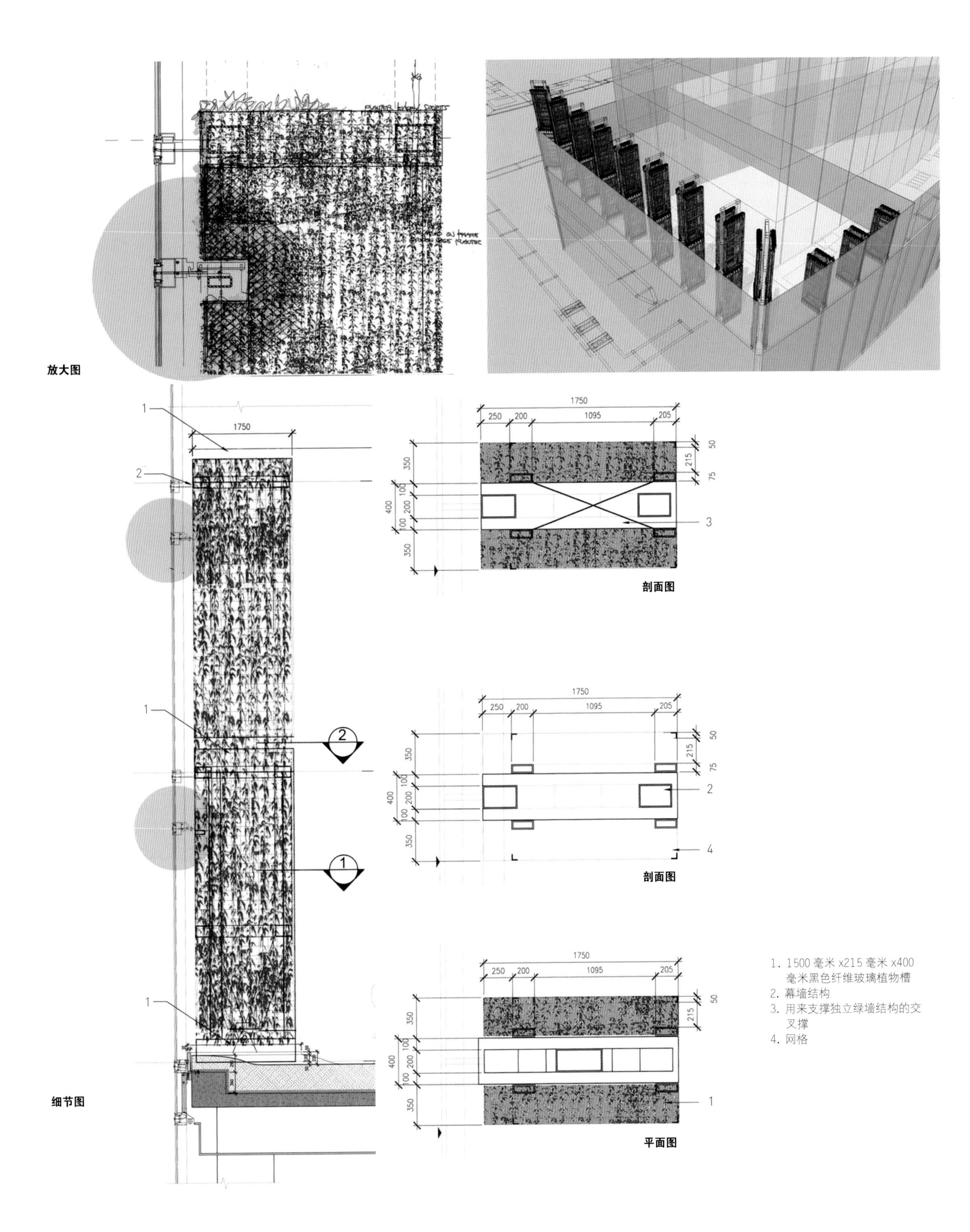

1. 1500 毫米 x215 毫米 x400 毫米黑色纤维玻璃植物槽
2. 幕墙结构
3. 用来支撑独立绿墙结构的交叉撑
4. 网格

DECA的热带LOFT

地点

巴西，里约热内卢

设计

GT 建筑事务所

摄影

安德烈·拿撒勒

主要植物

波斯顿蕨

巴西最大、最重要的建筑装饰活动——第 24 届里约热内卢建筑装饰展延续了其一贯的创新风格，展会面积 4500 平方米，在巴西最大的装饰商场中举办。整个展览区分为 LOFT 区、工作室区、公寓区、生活区和娱乐区。

项目的目标是让参观者在欣赏 DECA 的产品的同时，有一种家一般的感觉，而不是感到在展览厅里。设计团队以此为理念，将 LOFT 空间分为两部分：社交区和私密区，二者由橱柜隔开，社交区包含厨房，而私密区则摆放着衣橱。

长长的倒影池背后是一面绿墙，它将所有区域连接起来，降低了环境温度，同时也让人感到更加舒适。设计师选择蕨类来覆盖墙壁，因为它是适合半阴室内环境的理想植物。波斯顿蕨拥有大大的叶片，让绿墙显得统一。由于这是一个短期装饰，绿墙每天浇灌一次，保证了植物栽种介质的潮湿，但是又不会浸透。此外，绿墙前方的倒影池为环境带来了更多湿度，让植物生长的更加良好。

deca

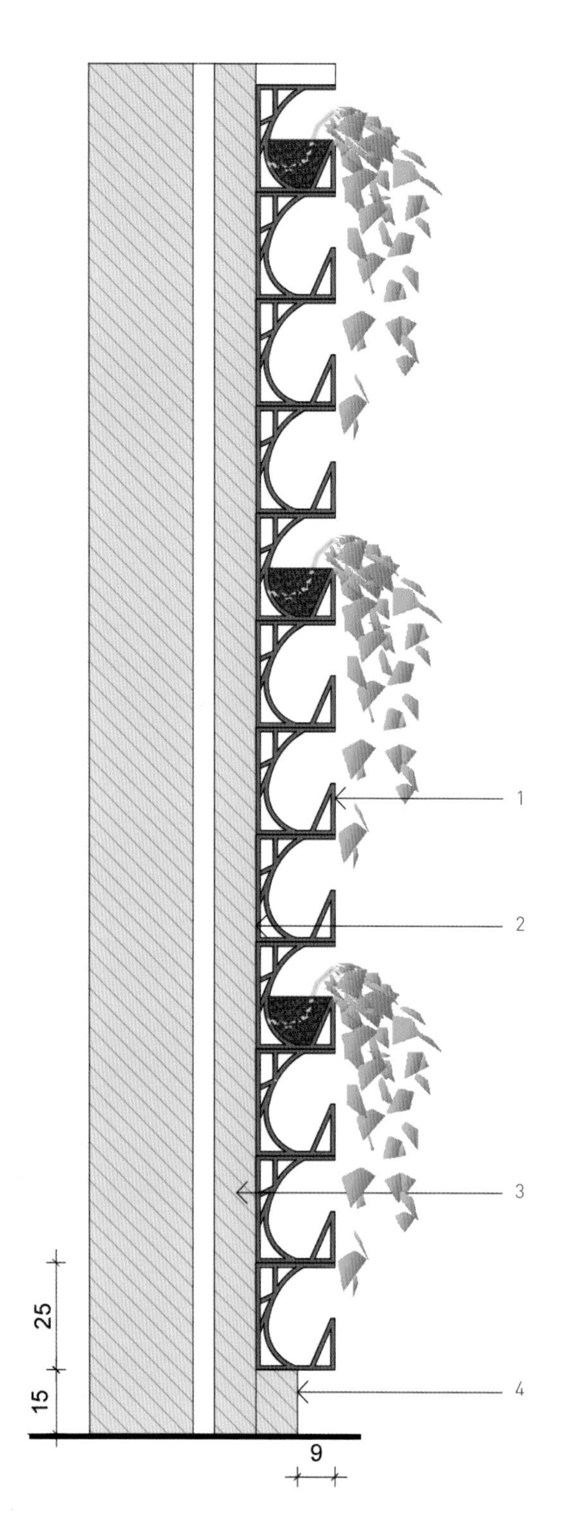

绿墙细节图

1. 陶瓷塞片，规格：29 厘米 x25 厘米 x19 厘米
2. 不透水粗制墙体
3. 砌筑
4. 踢脚线

波斯顿蕨

一种常青蕨类，直立向上，高度、幅度均可达 90 厘米。喜明亮的非直射光，不喜日光直射，耐阴凉，土壤应保持潮湿。

图书在版编目（CIP）数据

墙上花园Ⅱ / 童家林编；常文心，殷文文译．—沈阳：辽宁科学技术出版社，2017.7
ISBN 978-7-5591-0266-9

Ⅰ．①墙… Ⅱ．①童… ②常… ③殷… Ⅲ．①垂直绿化 Ⅳ．① S731.2

中国版本图书馆 CIP 数据核字 (2017) 第 112419 号

出版发行：辽宁科学技术出版社
（地址：沈阳市和平区十一纬路 25 号 邮编：110003）
印 刷 者：鹤山雅图仕印刷有限公司
经 销 者：各地新华书店
幅面尺寸：225mm×285mm
印 张：17.5
插 页：4
字 数：200 千字
出版时间：2017 年 7 月第 1 版
印刷时间：2017 年 7 月第 1 次印刷
责任编辑：殷文文
封面设计：周 洁
版式设计：周 洁
责任校对：周 文

书 号：ISBN 978-7-5591-0266-9
定 价：298.00 元

联系电话：024-23280367
E-mail: 1207014086@qq.com
邮购热线：024-23284502
http://www.lnkj.com.cn